建筑材料热物理性能与数据手册

中国建筑科学研究院建筑物理研究所
周 辉 钱美丽 冯金秋 孙立新 编著

中国建筑工业出版社

图书在版编目(CIP)数据

建筑材料热物理性能与数据手册/中国建筑科学研究院建筑物理研究所周辉等编著. —北京：中国建筑工业出版社，2010.5

ISBN 978-7-112-12173-1

Ⅰ. 建… Ⅱ. ①中… Ⅲ. 建筑材料-热物理性质-手册 Ⅳ. TU502-62

中国版本图书馆 CIP 数据核字(2010)第 116048 号

本书由“十一五”国家科技支撑计划课题“新型建筑节能围护结构关键技术研究”（2006BAJ01A02-01）资助

建筑材料热物理性能与数据手册

中国建筑科学研究院建筑物理研究所
周　辉　钱美丽　冯金秋　孙立新　编著

*

中国建筑工业出版社出版、发行(北京西郊百万庄)
各地新华书店、建筑书店经销
北京天成排版公司制版
北京市兴顺印刷厂印刷

*

开本：850×1168 毫米 1/32 印张：7⅜ 字数：212 千字
2010 年 8 月第一版 2010 年 8 月第一次印刷
定价：**22.00** 元

ISBN 978-7-112-12173-1
(19440)

本书是根据“十一五”科技支撑计划项目“建筑节能关键技术研究与示范”子课题二“新型建筑节能围护结构关键技术研究”的要求进行编写的。全书包括三部分，介绍了建筑材料的主要热物理参数的特性及影响因素，材料热物理系数的测试方法，常用建筑材料热物理系数。本书紧密联系建筑热工测试与研究的实际工作，在研究材料的热物理性能特点与影响因素的基础上，完成一套建筑材料热工性能的数据手册。全书具有较强的科学性与实用性，对深入推广建筑节能具有重要的指导性意义。

本书可供建筑节能科研、检测、设计与施工单位的相关工程技术人员参考使用。

* * *

责任编辑：王　梅
责任设计：张　虹
责任校对：姜小莲　陈晶晶

前 言

编写本书是根据国家“十一五”项目《建筑节能关键技术研究与示范》(子课题二)“新型建筑节能围护结构关键技术研究”要求内容之一，其目的是为了建立一套比较完整的建筑材料热工性能参数的数据手册。

本书整理了近20年来新型墙体材料、绝热材料热工性能数据，同时沿用了20世纪80年代由中国建筑科学研究院建筑物理研究所沈韫元、白玉珍、陈玉梅、谈庆华等四人编写的《建筑材料热物理性能》一书，并参考了一些国内外重要文献资料编写而成，对我国工业与民用建筑物节能有指导意义。

30年改革开放，我国发生了翻天覆地的变化，建筑业与其他行业一样蓬勃发展，规模之大，速度之快，新型建筑绝热材料之多在历史上前所未有，新材料层出不穷令人欣喜，在新形势下扩充与增加有用的内容是非常必要与及时的。适逢盛世之年，课题组成员尽微薄之力一起合作，收集现有墙体材料、绝热材料热工性能数据，进行分析鉴别和试验验证，对新型的墙体材料、绝热材料热工性能进行测试，试验研究墙体材料、绝热材料在不同使用条件下的性能特点，比较全面地完成一套建筑材料热工性能参数的数据手册。我们力图把近50年来的研究成果和试验结果以及国内外有价值的相关资料同读者共享，供广大同行应用。全书包括三部分：

第一章介绍材料的主要热物理参数——导热系数、导温系数、比热容和蓄热系数的特性，简要地分析材料的分子结构、化学成分、密度、温度和湿度等因素对材料热物理性能的影响，提出了改善材料热物理性能的一些原则。

第二章主要介绍材料热物理系数测定方法，包括稳态法和非稳态法。稳态条件下的传热性质测试方法主要有防护热板法、热流计法及标定和防护热箱法。这些方法都有各自的特点和适用条件。本章简要介绍了设备的适用范围、基本原理、构造、测试方法及计算等。非稳态法有热脉冲法和线热源法等方法。这些方法的基本原理都是建立在非稳态导热的基础上。其特点是装置简单，试验时间短，可以同时测出材料的导热系数、导温系数和比热容等特点。在这一章里还介绍了试件的湿度培养方法，以保证潮湿材料在不同含湿状况下热物理参数试验的准确性。

第三章主要介绍建筑材料热物理系数表。第一节中常用绝热材料热物理性能散点图是根据近 10 年来检测的数据统计后得出密度与导热系数的关系，其规律基本上符合这些材料的特性。第二节中建筑材料热物理系数表是根据我们多年来承担了许多国内外研究课题及大量的委托测试任务，通过测定各种建筑构件和保温材料的热物理性能，积累了较丰富的数据而得出的。这些数据绝大多数来自建筑物理研究所热工室自行研制或与有关单位合作精心设计调试的检测设备，具有一定的参考价值。稳态法测试数据采用“DRF-1 型防护热板法导热系数测定仪”、“围护结构热工性能检测装置”、“JW-Ⅰ型墙体保温性能检测装置”、“JW-Ⅲ型热流计式导热系数测定仪”以及“JW-V 型防护热板法导热系数测定仪”。非稳态法数据来自“DRM-1 导热系数测定仪”。第三节中主要是根据多年来从课题研究和送检样品中选择出来并具有一定代表性的试样。包括各种空心砖、空心砌块、复合砌块、砌模块、复合板材等，均为实测数据。

数据手册尽可能地把有价值与可靠的涉及建筑围护结构有利于节能的绝热材料性能数据纳入其中，供设计、施工、科研和生产单位等参考使用。表中还列入兄弟单位和国外试验的一些较特殊的材料(如金属、冰、雪、水等)的数据。

本书由中国建筑科学研究院建筑物理研究所周辉、钱美丽、冯金秋、孙立新、杨玉忠、董宏、何晓燕、潘振等同志参与编写，沈韫元、陈玉梅、魏铁群、黄福其、周景德、杨善勤、杜文英审稿。

本书在编写过程中得到了许多科研院所的大力支持和帮助，特别是上海市建筑科学研究院、中国建筑西南设计研究院、福建省建筑科学研究院、新星宇建设有限责任公司、安徽罗宅建筑节能材料有限公司、北京建筑工程学院等单位以及许多材料生产厂家，他们提供了大量的测试样品和材料，使我们的工作能顺利完成，在此向他们表示衷心的感谢。

由于我们的水平有限，时间较紧，不妥与疏漏之处在所难免，恳请读者批评指正。

目　　录

主要符号

λ——材料的导热系数［W/(m·K)］；

a——材料的导温系数(m^2/h)；

c——材料的比热容［kJ/(kg·K)］；

S——材料的蓄热系数［$W/(m^2 \cdot K)$］；

R——热阻($m^2 \cdot K/W$)；

K——传热系数［$W/(m^2 \cdot K)$］；

A——面积(m^2)；

ρ——材料的密度(kg/m^3)；

ω_z——材料的重量含水率(%)；

ω_d——材料的体积含水率(%)；

δ_ω——重量含水率每增加1%时，导热系数的增值［W/(m·K)］；

δ_t——温度每升高1℃时，导热系数的增值［W/(m·K)］；

δ_c——重量含水率每增加1%时，比热容的增值［kJ/(kg·K)］；

T——热流波动周期(h)；

q——热流强度(W/m^2)；

t——温度(K)；

d——试件厚度(m)；

τ——时间(h)；

F_o——傅立叶准数。

第一章　建筑材料的热物理特性

建筑材料种类很多。从材料形状来分，可分为密实块状材料、多孔块状材料、纤维状材料、颗粒状材料等；从分子结构来分，可分为晶体材料、微晶体材料和玻璃体材料；从化学成分来分，又可分为有机材料和无机材料。这些材料具有一系列的热物理特性，在进行围护结构热工计算时，往往涉及材料的热物理特性。为了使计算准确可靠，就必须正确地选择材料的热物理指标，使其与材料实际使用情况相符合。否则，计算公式无论怎样准确，所得到的结果与实际情况仍然会有很大的差异。然而，材料的热物理特性往往受到许多因素的影响，除了材料本身的分子结构、化学成分、密度、孔隙率的影响外，还受到外界温度、湿度等影响。所以，要合理选择热物理指标，就必须了解材料的这些特性。

下面仅就建筑材料和保温材料的主要热物理特性以及影响这些性能的因素作一些介绍。

第一节　材料的导热性能

导热性能是材料的一个非常重要的热物理指标，它说明材料传递热量的一种能力。材料的导热能力用导热系数“λ”来表示。

在工程计算中，导热系数的单位为 W/(m・K)，它表示：在一块面积为 $1m^2$，厚度为 1m 的壁板上，板的两侧表面温度差为 1K，在 1 小时内通过板面的热量。因此，导热系数 λ 值愈小，则材料的绝热性能愈好。

各种建筑材料的导热系数差别很大，大致在 0.020～3.5 W/(m・K)之间。

影响材料导热系数的主要因素有：

(1) 材料的分子结构及其化学成分；

(2) 密度(包括材料的孔隙率、孔洞的性质和大小等)；

(3) 材料的湿度状况；

(4) 材料的温度状况。

一、材料的分子结构和化学成分对导热系数的影响

人们常常认为，材料的密度是影响材料导热系数的唯一因素，其实不然，材料的分子结构和化学成分等比密度所起的作用大得多。

由于建筑材料的化学成分和分子结构的不同，一般可分为结晶体构造(如建筑用钢、石英石等)、微晶体构造(如花岗石、普通混凝土等)和玻璃体构造(如普通玻璃、膨胀矿渣珠混凝土等)。这种不同的分子结构引起导热系数有很大的差别。玻璃体物质由于其结构没有规律，以致不能形成晶格，各向相同的平均自由程很小，因此，其导热系数值要比结晶体物质低得多(表 1-1)。

不同分子结构材料的导热系数 **表 1-1**

材料名称	分子结构	密度(kg/m^3)	导热系数[W/(m·K)]
铝 钢	结晶体	2700 7850	203.53 44.78
花岗石 普通混凝土	微晶体	2800 2280	3.49 1.51
玻璃膨胀矿渣珠混凝土	玻璃体	2500 1990	0.76 0.65

对于化学成分相同的晶体和玻璃体，其导热系数差别仍然很大。例如矿物性建筑材料组成成分的母体化合物为 SiO_2、Al_2O_3、MgO 和 CaO，其晶体的导热系数比玻璃体的导热系数要大好多倍(表 1-2)。

某些化合物的导热系数 **表 1-2**

化合物名称	在下列温度下的导热系数 [W/(m·K)]			
	0℃	300℃	500℃	700℃
在晶体状态下				
SiO_2	8.97	4.97	4.28	3.86
MgO	41.87	20.08	13.39	9.62
Al_2O_3	10.47	5.86	5.02	4.60
$CaCO_3$	4.79	—	—	—
在玻璃体状态下				
SiO_2	1.38	1.72	2.00	2.27
MgO	0.96	1.22	1.51	1.88
Al_2O_3	0.67	—	—	—
CaO	0.48	—	—	—

有时候，我们为了要取得导热系数较低的矿物建筑材料，办法之一就是改变材料的分子结构。例如，将熔融的高炉矿渣通过不同的冷却工艺就可产生分子结构不同的建筑材料(表 1-3)。其中通过骤然冷却的工艺过程所生产的高炉膨胀矿渣珠就是一种玻璃体的建筑材料。它的松散密度 $\rho=1300\text{kg/m}^3$，导热系数 $\lambda=0.198\text{W/(m·K)}$。以它作为骨料的混凝土 $\rho=2000\text{kg/m}^3$，$\lambda=0.616\text{W/(m·K)}$。而普通混凝土 $\rho=2280\text{kg/m}^3$，$\lambda=1.51\text{W/(m·K)}$。它们的密度相差不大，导热系数却相差一倍多。

冷却工艺不同，产生分子结构不同的材料 **表 1-3**

冷却工艺	材料名称	分子结构
骤然冷却	膨胀矿渣珠	玻璃体
边膨胀边缓慢冷却	膨胀矿渣	玻璃体—微晶体多孔材料
边结晶边缓慢冷却	矿渣碎石	结晶体
迅速冷却连续抽丝	矿渣棉	玻璃体

然而，对于多孔保温材料来说，无论固体成分的性质是玻璃体或是结晶体，对导热系数的影响不大。因为这些材料孔隙率很

高，颗粒或纤维之间充满着空气，因此，气体的导热系数就起着主要作用，而固体部分的影响就减小了。

二、材料导热系数与密度的关系

密度是指单位体积的材料重量，用“ρ”来表示，单位为 kg/m^3，它是影响材料导热系数的重要因素之一。

对于大多数材料来说，都是由固相质点和其间的气孔所组成。例如轻骨料混凝土总孔隙率大约为30%～60%，而70%～40%是由固体部分所组成；泡沫混凝土总孔隙率大约为56%～88%，而44%～12%是由固体部分所组成。所以材料的密度取决于孔隙率。从图1-1可以看出，当材料的相对密度一定时，孔隙率愈大，则密度就愈小。

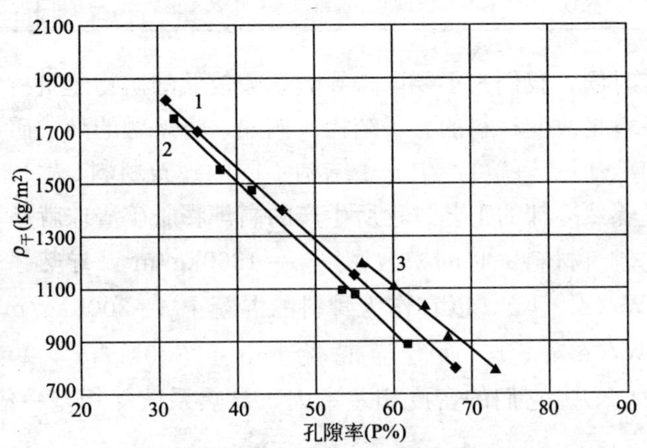

图1-1　密度与孔隙率的关系

1—焙烧黏土砖；2—轻骨料混凝土；3—泡沫混凝土

图1-2是各种轻混凝土和砖的导热系数与密度的关系。图1-3和图1-4是软木和刨花锯末板导热系数与密度的关系。这些图表明，材料的导热系数随着密度的增大而增大。这是因为材料的导热系数乃是材料的固体骨架的导热系数和材料气孔中空气的导热系数的平均值。由于空气的导热系数很低，当其在静态状况下，

0℃时的导热系数为 0.026W/(m·K)，与材料的固体骨架的导热系数相比差别悬殊(表 1-4)。因此，密度小的材料导热系数小，就是空气的导热系数在起着重要作用。

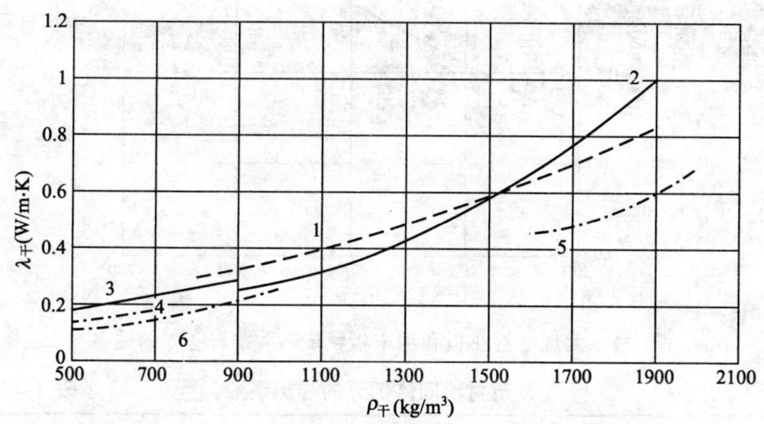

图 1-2　轻混凝土和砖的导热系数与密度的关系

1—普通黏土砖；2—轻骨料混凝土；3—水泥珍珠岩制品；4—加气混凝土；5—膨珠混凝土；6—粉煤灰泡沫混凝土

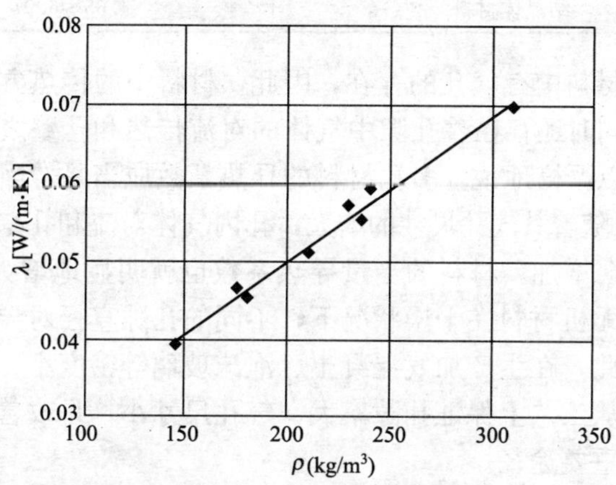

图 1-3　软木导热系数与密度的关系

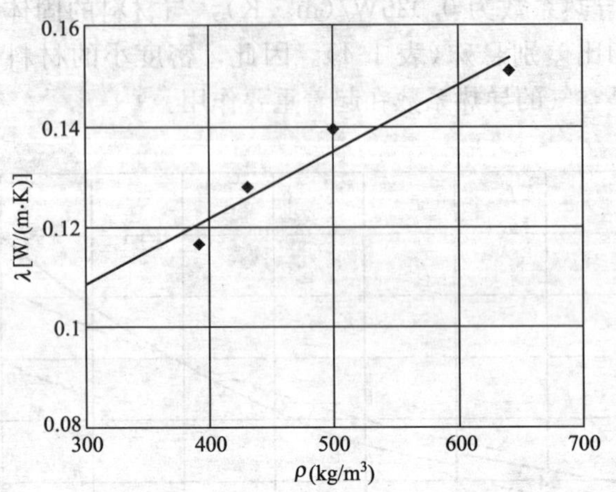

图 1-4 无规物刨花板和锯末板❶导热系数与密度的关系

建筑材料固体部分的导热系数 **表 1-4**

材料名称	导热系数［W/(m·K)］
有机材料	0.29～0.41
无机材料	3.26
玻璃体材料	0.7～1.16
结晶体材料	4.65～6.97

由于材料中有气孔的存在，因此，材料中的传热方式不单纯是导热，同时还存在着孔隙中气体的对流传热和孔壁之间的辐射传热。所以严格地说，多孔材料的导热系数应当是"当量导热系数"。材料随着其气孔尺寸的增大，孔内气体对流和孔壁之间的辐射换热就会增加。材料的当量导热系数也就明显地增大。图 1-5 表明多孔无机材料在干燥状况下，不同的孔隙直径对导热系数的影响。因此，在生产加气混凝土、泡沫玻璃等密度小、孔隙多的材料时，从工艺上保证孔隙率大、气孔尺寸小，是改善材料热物理性能的重要途径。

---

❶ 无规物是生产聚丙烯的废料，可作为胶粘剂渗入刨花或锯末中压成保温板。

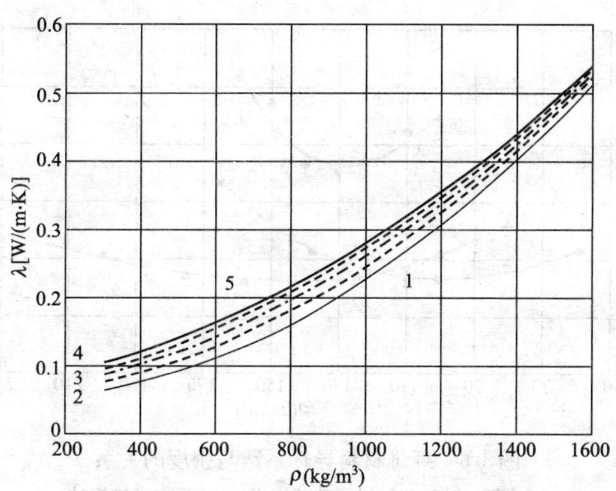

图 1-5　多孔无机材料在干燥状况下孔隙直径与密度对导热系数的影响

1—微孔材料曲线；2—孔隙直径 $d=0.5$mm 的材料；3—孔隙直径 $d=1.0$mm；4—孔隙直径 $d=1.5$mm；5—孔隙直径 $d=2.0$mm

此外，材料的气孔封闭与开敞状态对导热系数也有一定影响。一般来说，封闭形气孔的导热系数要比敞开形气孔的导热系数小。由于敞开形气孔的毛细管吸湿能力很强，这对保温材料来说是很不利的。

松散状的纤维材料，其密度变化的幅度较大，密度大，导热系数相应的增大；然而密度小到一定程度，材料内产生空气循环对流换热，同样也会增加导热系数。因此，松散状的纤维材料存在着一个导热系数最小的最佳密度(图 1-6)。

对我国生产的各种轻骨料混凝土(包括各种陶粒混凝土、火山渣混凝土、浮石混凝土、大颗粒珍珠岩混凝土、煤矸石混凝土等)、膨珠混凝土、加气混凝土以及水泥珍珠岩等材料，我们进行了大量的试验工作，经过数理统计得出这些材料的密度与导热系数的关系的经验公式。

1. 对于轻骨料混凝土

$$\lambda_{干}=0.0725e^{0.00128\rho_{干}} \tag{1-1}$$

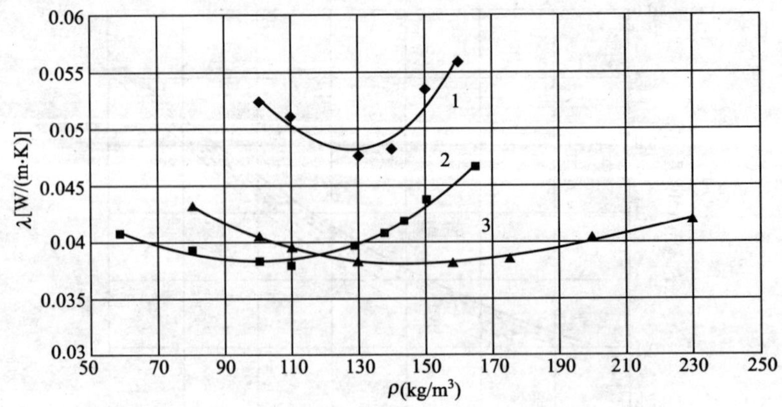

图 1-6　纤维材料导热系数与密度的关系

1—沥青矿棉；2—树脂玻璃棉板；3—沥青玻璃棉毡

2. 对于膨珠混凝土

$$\lambda_{干}=1.575-1.72\times10^{-3}\rho_{干}+6.1\times10^{-7}\rho_{干}^{2} \qquad (1\text{-}2)$$

3. 对于加气混凝土

$$\lambda_{干}=0.0278+1.58\times10^{-4}\rho_{干} \qquad (1\text{-}3)$$

4. 对于水泥珍珠岩制品

$$\lambda_{干}=0.0324e^{0.002198\rho_{干}} \qquad (1\text{-}4)$$

式中　$\lambda_{干}$——常温条件下，干燥材料的导热系数；

$\rho_{干}$——干燥条件下混凝土的密度。

根据这些经验公式绘出的曲线与实验数据是很接近的(图 1-7)。

三、材料导热系数与湿度的关系

由于气候、施工水分和使用条件的影响，都将引起建筑材料含有一定的湿度。湿度对导热系数有着极其重要的影响。材料受潮后，在材料的孔隙中就有了水分(包括水蒸气和液态水)。而水的导热系数 $\lambda=0.581$W/(m·K)，比静态空气的导热系数 $\lambda=0.0256$ W/(m·K)大 20 多倍。这样，就必然使材料的导热系数增大。如果孔隙中的水分冻结成冰，冰的导热系数 $\lambda=2.326$W/(m·K)，又是水的 4 倍，材料的导热系数将更大。所以在进行围护结构热

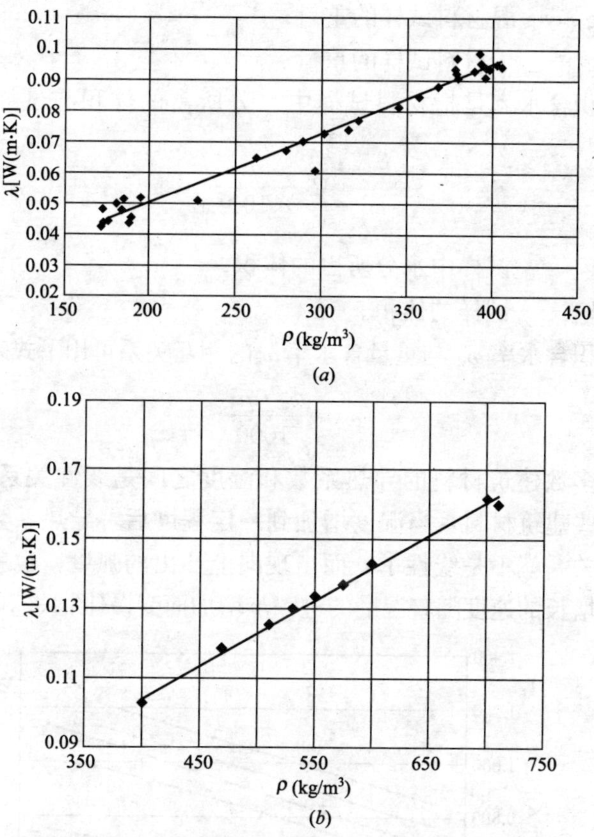

图 1-7　在干燥条件下导热系数与密度的关系

(*a*)胶粉聚苯颗粒；(*b*)加气混凝土

工计算时，应选取一定湿度下的导热系数，并且还必须采取一切必要的措施，来控制材料的湿度，以保证围护结构的保温性能。

湿度是说明材料中含游离水分多少的一个指标。湿度可以用重量含水率“ω_z”或用体积含水率“ω_d”来表示。

重量含水率是指材料试样中所含水分重量与试样在干燥状况下的重量之比，即

$$\omega_z=\frac{g_1-g_2}{g_2}\times100\% \tag{1-5}$$

式中　g_1——湿材料试样的重量；

g_2——干材料试样的重量。

体积含水率是指材料试样中水分所占的体积与试样体积之比，即

$$\omega_d = \frac{V_1}{V_2} \times 100\% \tag{1-6}$$

式中　V_1——试样中水分所占的体积；

V_2——试样的体积。

体积含水率 ω_d 与重量含水率 ω_z 的相互关系可用下式来表示：

$$\omega_d = \frac{\omega_z \cdot \rho_{干}}{1000} \tag{1-7}$$

大多数建筑材料的导热系数和湿度之间是线性关系。但是，也有一些建筑材料，当湿度增加到一定程度后，导热系数与湿度之间的关系就不是线性了，而出现向上凸出的弧度，也就是说导热系数增长的速度随着湿度的进一步增加而变慢(图 1-8 和图 1-9)。

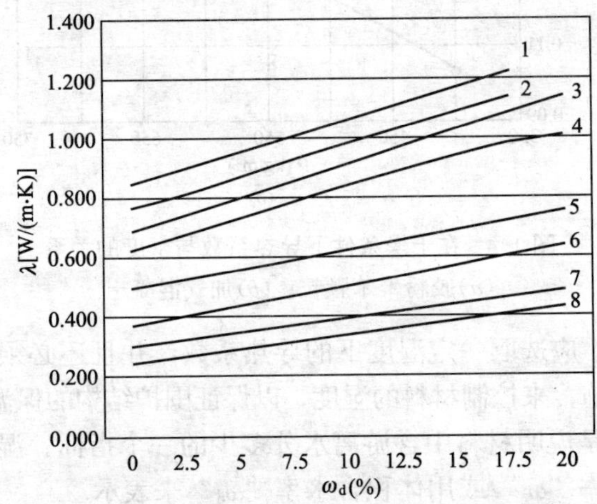

图 1-8　轻骨料混凝土导热系数与湿度的关系

1—自燃煤矸石混凝土 $\rho_{干}=1765\text{kg/m}^3$；2—粉煤灰陶粒混凝土 $\rho_{干}=1748\text{kg/m}^3$；3—黏土陶粒混凝土 $\rho_{干}=1687\text{kg/m}^3$；4—粉煤灰陶粒混凝土 $\rho_{干}=1570\text{kg/m}^3$；5—膨珠混凝土 $\rho_{干}=1727\text{kg/m}^3$；6—浮石混凝土 $\rho_{干}=1330\text{kg/m}^3$；7—珍珠岩陶粒混凝土 $\rho_{干}=1040\text{kg/m}^3$；8—大颗粒珍珠岩混凝土 $\rho_{干}=888\text{kg/m}^3$

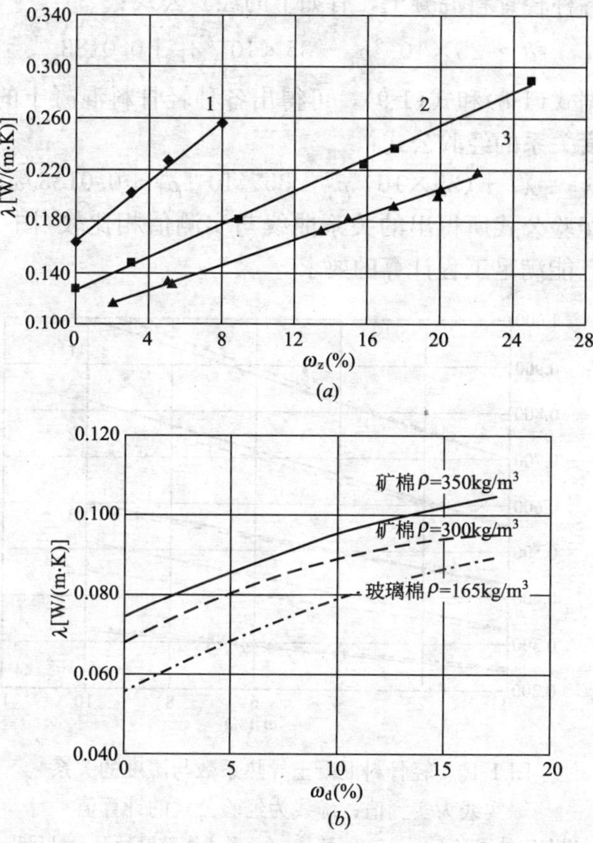

图 1-9　导热系数与湿度的关系

(*a*)加气混凝土和水泥珍珠岩；(*b*)矿棉和玻璃棉

1—加气混凝土 $\rho=700\text{kg/m}^3$；2—加气混凝土 $\rho=525\text{kg/m}^3$；

3—水泥珍珠岩 $\rho=404\text{kg/m}^3$

建筑围护结构在一般的使用情况下，其材料的湿度与导热系数的关系为线性关系，可用下式来表示

$$\lambda_{湿}=\lambda_{干}+\delta_{\omega}\omega_z \tag{1-8}$$

式中，δ_{ω}为材料的重量含水率增加1%时，其导热系数的增值。

导热系数增值 δ_{ω}随着材料密度的增加而相应的增加。对于

我国的各种轻骨料混凝土，有如下的经验公式：

$$\delta_{\omega}=25\times10^{-9}\rho_{干}^{2}-35\times10^{-6}\rho_{干}+0.0183 \tag{1-9}$$

根据式(1-8)和式(1-9)，可得出各种轻骨料混凝土的导热系数与湿度关系的经验公式：

$$\lambda_{湿}=\lambda_{干}+(25\times10^{-9}\rho_{干}^{2}-35\times10^{-6}\rho_{干}+0.0183)\omega_{z} \tag{1-10}$$

此经验公式所得出的关系曲线与实测值相比较(图 1-10)差别不大，能满足工程计算的要求。

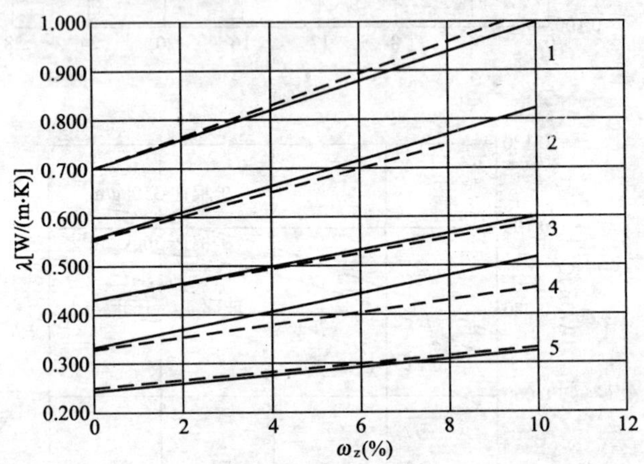

图 1-10　轻骨料混凝土导热系数与湿度的关系

实线为实测值；虚线为经验公式的计算值

1—粉煤灰陶粒混凝土 $\rho=1648kg/m^3$；2—黏土陶粒混凝土 $\rho=1486kg/m^3$；3—自燃煤矸石混凝土 $\rho=1252kg/m^3$；4—页岩陶粒混凝土 $\rho=1052kg/m^3$；5—大颗粒珍珠岩混凝土 $\rho=888kg/m^3$

有些材料在干燥状态下，它们的导热系数彼此差别很小，可是当含有一定水分时，它们之间的差别就增大。这说明水分与物体骨架的结合方式对导热系数有很大影响。图 1-11(a)是石膏制品和黏土石膏的导热系数与湿度的关系，它表明：在干燥状况时，它们的导热系数相差为 5.4%；当湿度为 25%时，导热系数相差达 22%。图 1-11(b)所举出的泥煤板、软木和矿渣棉，也是说明同样的情况。

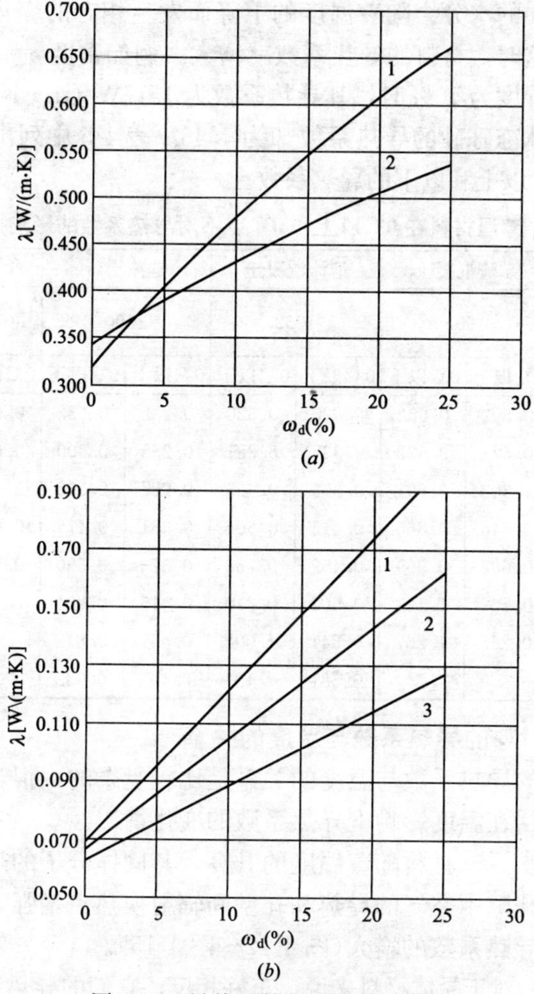

图 1-11　导热系数与湿度的关系

(a)石膏制品和黏土石膏

1—石膏制品 $\rho=1200kg/m^3$；2—黏土石膏 $\rho=1200kg/m^3$

(b)泥煤板、软木、矿渣棉

1—泥煤板 $\rho=300kg/m^3$；2—软木 $\rho=300kg/m^3$；3—矿渣棉 $\rho=300kg/m^3$

另一种现象也需指出：通常，干燥材料的导热系数是随着温度的降低而减小；然而，潮湿材料情况就不一样，当温度在 0℃以下，材料中的水分会随着温度的下降而发生相态的变化，即水冷却成冰，这时，材料的导热系数就增大。例如密度 $\rho=1400\text{kg/m}^3$ 的砾砂，湿度为10％时，其导热系数为1.17W/(m·K)，而同样含湿量的冰冻砾砂的导热系数却为1.43。表1-5中列出几种建筑材料在0℃以上和以下的导热系数。

潮湿材料在0℃以上和0℃以下对导热系数的影响　　表1-5

材料		矿渣混凝土		泡沫混凝土		硅藻土砖		黏土	
密度(kg/m^3)		1600		1200		1000		1800	
导热系数		0℃以上	0℃以下	0℃以上	0℃以下	0℃以上	0℃以下	0℃以上	0℃以下
体积含水率(％)	0	0.552	0.552	0.320	0.320	0.232	0.232	0.604	0.604
	2	0.571	0.622	0.337	0.381	0.256	0.300	0.621	0.643
	5	0.602	0.691	0.370	0.465	0.287	0.363	0.643	0.695
	10	0.646	0.866	0.415	0.604	0.331	0.476	0.676	0.781
	15	0.688	0.999	0.459	0.738	0.373	0.590	0.709	0.863
	20	0.727	1.133	0.502	0.870	0.415	0.704	0.741	0.944
	25	0.765	1.267	0.541	1.002	0.457	0.818		
	30			0.581	1.133	0.498	0.932		

四、材料的导热系数与温度的关系

材料的导热系数与温度的关系是比较复杂的，很难从数量上详细地概括在温度影响下导热系数的变化情况。

一般来说，材料随着温度的升高，其固体分子的热运动会增加，而且孔隙中空气的导热和孔壁间辐射换热也增强，这就促成了材料的导热系数的增大(图1-12～图1-15)。

然而，对于晶体材料来说，正好相反，它们的导热系数随着温度的增高而减小。例如，图1-16(*a*)所表示的铝氧晶体结构的耐火材料，它的导热系数随着温度增高而减小，只有孔隙率很大(73％)的材料，其导热系数才会随着温度的升高而增大。图1-16(*b*)所表示的是玻璃体氧化硅耐火材料，它的导热系数随着温度升高而增大；图中也反映出，随着材料孔隙的增加。导热系数受温度的影响越来越大。

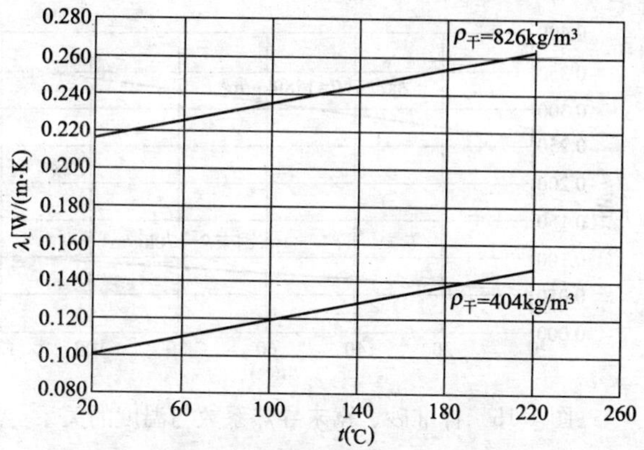

图 1-12　水泥珍珠岩制品导热系数与温度的关系

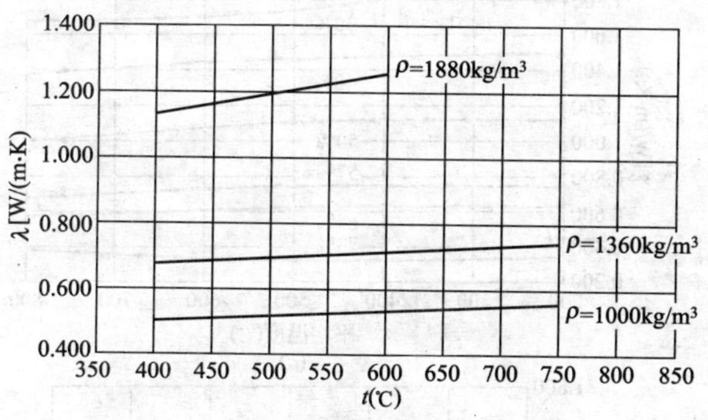

图 1-13　耐火砖导热系数与温度的关系

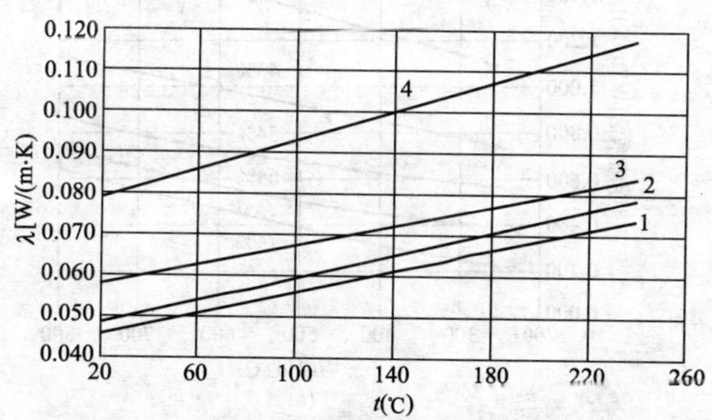

图 1-14　散状珍珠岩导热系数与温度的关系

1—ρ=54kg/m³；2—ρ=90kg/m³；3—ρ=120kg/m³；4—ρ=260kg/m³

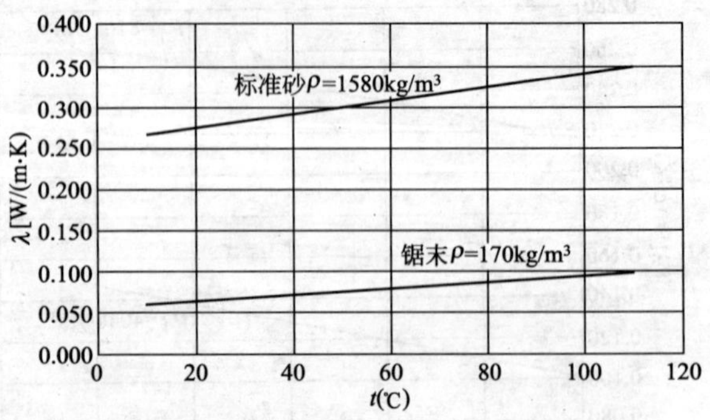

图 1-15　标准砂、锯末导热系数与温度的关系

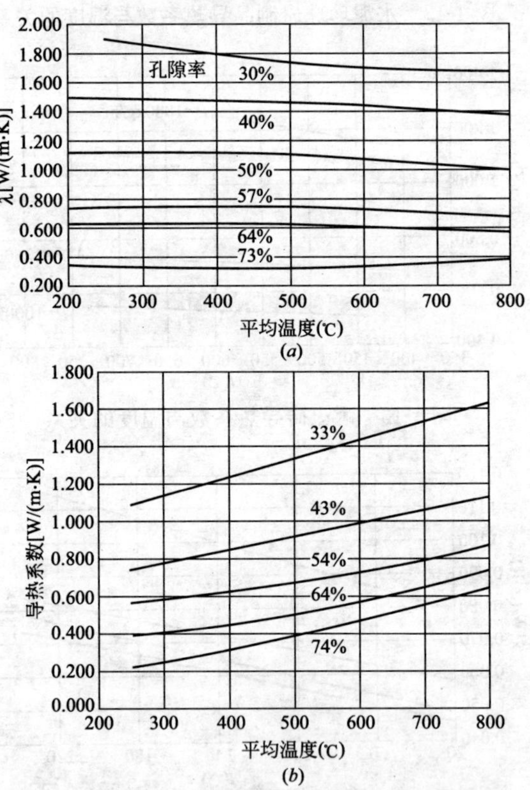

图 1-16　温度对导热系数的影响

(a)铝氧耐火材料；(b)氧化硅耐火材料

此外，气孔的尺寸对导热系数也会产生较大的影响。图 1-17 中的曲线说明了温度对不同气孔尺寸中空气当量导热系数的影响。例如，对于直径为 5mm 的气孔来说，当温度自 0℃ 升至 500℃时，空气当量导热系数将增大 11.7 倍；然而在直径为 1mm 的气孔中，其空气当量导热系数增长仅为 5.3 倍。图 1-18 亦反映出气孔越大和密度越小，则导热系数受温度影响而变化的曲线特性就越明显。但是当温度在 70～80℃以内，材料导热系数受温度的影响就很小。在一般的房屋建筑中，材料温度的变化很少超过 60℃，因此，在一般房屋围护结构的热工计算中都不考虑温度变化对导热系数的影响。只有对处于高温或者很低的负温条件下，才考虑采用相应温度下的导热系数。

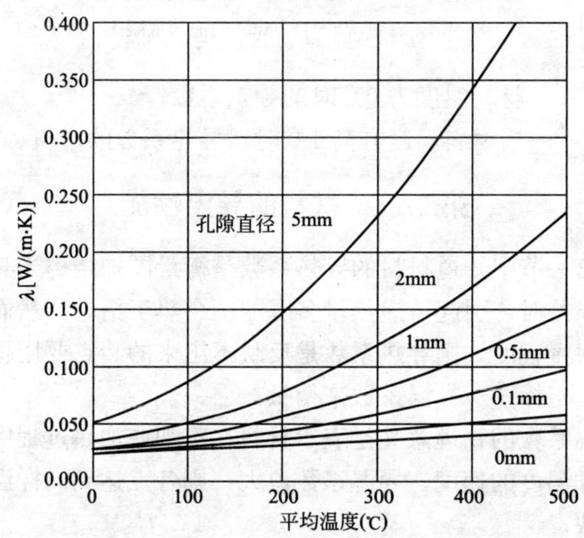

图 1-17　温度对不同气孔中空气当量导热系数的影响

对于大多数材料来说，导热系数与温度的关系近似于线性关系，可用下式来表示：

$$\lambda_t = \lambda_0 + \delta_t \cdot t \qquad (1\text{-}11)$$

式中　λ_t——材料温度为 t 时的导热系数；

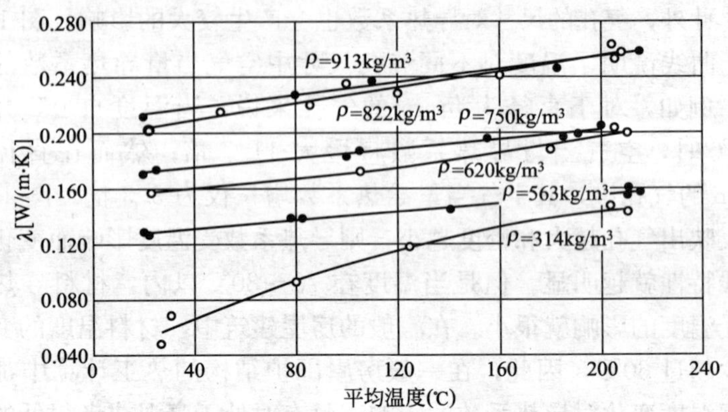

图 1-18　温度对泡沫混凝土导热系数的影响

•—孔隙 d＝0.41～0.51mm 的泡沫混凝土；

○—孔隙 d＝1.79～1.99mm 的泡沫混凝土

λ_0——材料温度为0℃时的导热系数；

δ_t——当材料温度升高1℃时，导热系数的增值。

第二节　材料的导温性能

从第一节中知道材料的导热系数是衡量围护结构当其两侧面有一定温差时，引起传递热量多寡的一个热工指标。然而，传递热量的快慢程度，则导热系数是反映不出来的。它要用材料的另一个热工指标——导温系数来衡量。

导温系数的物理意义是表示材料在冷却或加热过程中，各点达到同样温度的速度。导温系数愈大，则各点达到同样温度的速度就愈快。

材料的导温系数与材料的导热系数成正比，与材料的体积热容量成反比，即

$$a=\frac{\lambda}{c\rho} \tag{1-12}$$

式中　a——材料的导温系数(m^2/h)；

λ——材料的导热系数［W/(m·K)］；

c——材料的比热容［kJ/(kg·K)］；

ρ——材料的密度(kg/m³)。

目前由于越来越多地采用了新型的轻质薄壁板材结构和材料，给设计人员提出了如何防止房间快速变冷和变热的问题。在这种情况下，设计围护结构时，不但要考虑材料的导热系数，更重要的是要考虑材料的导温系数。

影响材料导温系数的因素和导热系数一样，取决于材料的分子结构、化学成分、密度和温度、湿度等。

一、材料分子结构和化学成分对导温系数的影响

材料的分子结构和化学成分对导温系数的影响同样是很大的，即使是在相同的密度情况下，结晶体材料的导温系数要比玻璃体材料的导温系数大得多(表 1-6)。这种现象和导热系数的情况是一致的。从式(1-12)中也可以看出这种一致。因为各类材料本身的比热容在数值上差别是很小的，所以每一类材料当密度相同时，导热系数大的材料，导温系数也大。

不同分子结构材料的导温系数　　表 1-6

材料名称	分子结构	密度 (kg/m³)	导温系数 (m²/h)
铝	结晶体	2700	0.3090
钢		7850	0.0447
花岗石	微晶体	2800	0.0049
普通混凝土		2280	0.0033
玻璃	玻璃体	2500	0.0013
膨胀矿渣珠混凝土		1990	0.0015

二、材料的导温系数与密度的关系

材料的导温系数一般是随着材料密度的减小而降低。然而，当材料密度减小到一定程度时，材料的导温系数反而随着密度的减小而迅速增大。图 1-19 根据关系式 $a=\frac{\lambda}{c\rho}$ 绘出了材料导温系数、导热系数和密度之间的关系曲线。关系曲线清楚地表明：当

材料密度降低到很小时，虽然导热系数也随着减小，但减小的幅度比较缓慢，于是导温系数就显著增大。因此，轻质保温材料的热物理性能的特点就是导热系数很小，而导温系数很大。特别像泡沫塑料一类很轻的保温材料，还有静态的空气，它们的导温系数非常大。例如，静态空气的导温系数 $a=0.0771\text{m}^2/\text{h}$，泡沫塑料的导温系数 $a=0.00485\text{m}^2/\text{h}$，它们分别接近于铁的导温系数 $a=0.0773\text{m}^2/\text{h}$ 和花岗石的导温系数 $a=0.0049\text{m}^2/\text{h}$。因此，静态的空气间层是稳定传热状况下最好的隔热材料，然而在非稳定传热过程中，它却是热稳定性最差的材料。所以，在设计空气层和使用轻质保温材料时，都要根据工程特点和周围温度变化状况，全面地考虑其热工性能，否则效果是不会好的。

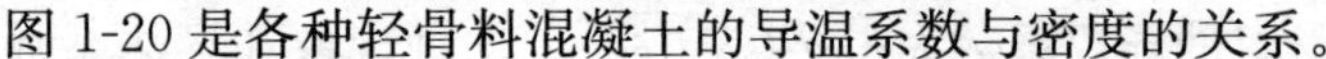

图 1-20 是各种轻骨料混凝土的导温系数与密度的关系。

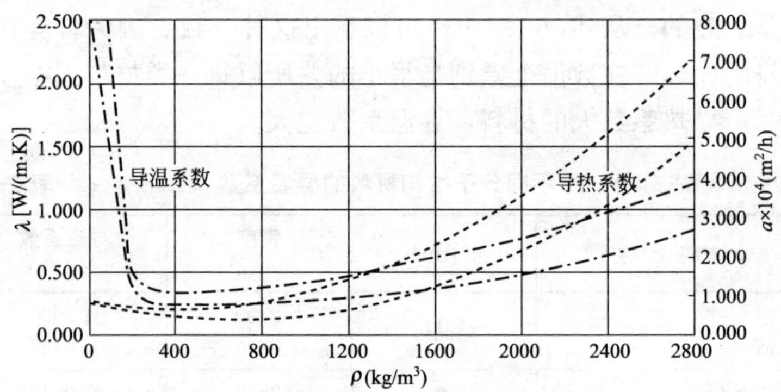

图 1-19　材料导温系数和导热系数与密度的关系

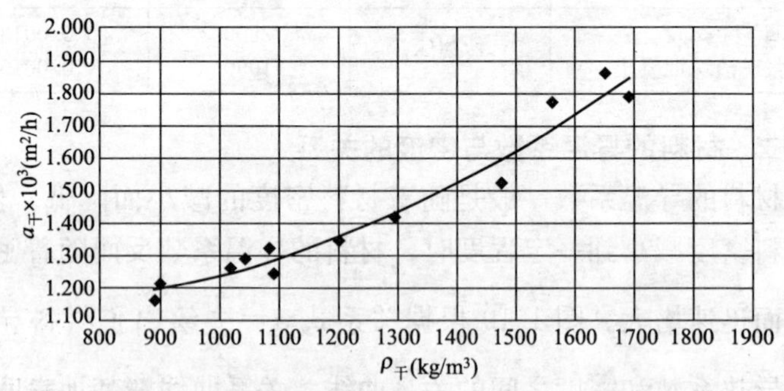

图 1-20　各种轻骨料混凝土的导温系数与密度的关系

三、材料的导温系数与温度、湿度的关系

我们知道空气的导温系数为 0.077m²/h，而水的导温系数为 0.0005m²/h，这似乎说明材料的导温系数是随着湿度的增加而减小，然而材料中的热湿迁移是极其复杂的。通过许多试验发现湿度的减小或增加，都存在使导温系数增加的可能性。这是因为导温系数取决于导热系数与热容量之比值，当湿度增加时，导热系数与热容量都增加，但增长的速率不一样，这就决定了导温系数的变化规律。

图 1-21 表示红砖、硅藻土砖、石棉水泥和矿棉的导温系数与湿度的关系。图 1-22 是轻骨料混凝土的导温系数与湿度的关系。图 1-23 是亚黏土和砾砂的导温系数与湿度的关系。

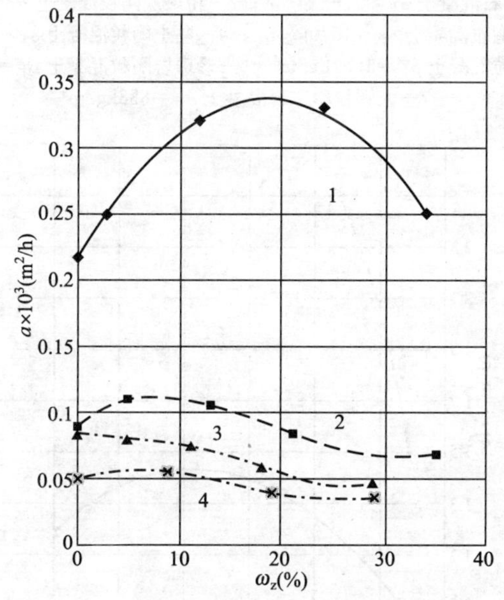

图 1-21 导温系数与湿度的关系

1—红砖 ρ=1730kg/m³；2—硅藻土砖 ρ=550kg/m³；3—石棉水泥板 ρ=425kg/m³；4—矿棉 ρ=300kg/m³

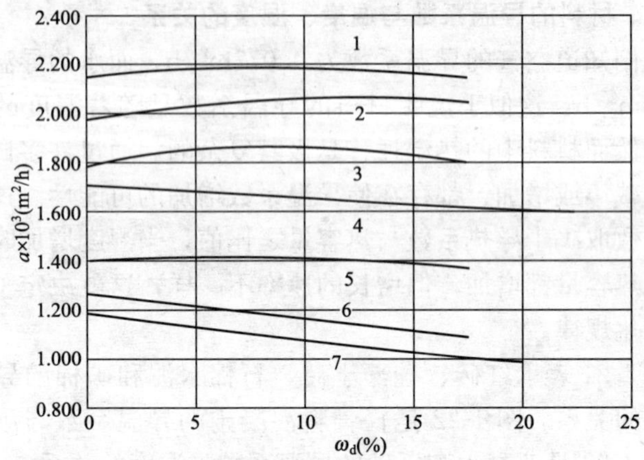

图 1-22　轻骨料混凝土导温系数与湿度的关系

1—自燃煤矸石混凝土 $\rho_{干}=1765kg/m^3$；2—粉煤灰陶粒混凝土 $\rho_{干}=1748kg/m^3$；3—粉煤灰陶粒混凝土 $\rho_{干}=1570kg/m^3$；4—黏土陶粒混凝土 $\rho_{干}=1486kg/m^3$；5—页岩陶粒混凝土 $\rho_{干}=1051kg/m^3$；6—珍珠岩陶粒混凝土 $\rho_{干}=1040kg/m^3$；7—大颗粒珍珠岩混凝土 $\rho_{干}=888kg/m^3$

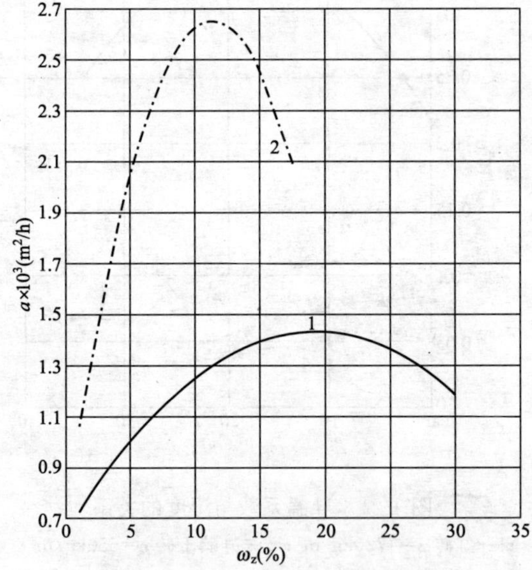

图 1-23　湿度对导温系数的影响

1—亚黏土 $\rho=1400kg/m^3$；2—砾砂 $\rho=1400kg/m^3$

材料的导温系数随着温度的升高有所增大，这主要是材料导热系数随着温度升高的变化速率稍大于比热容的变化速率所造成的，但影响的幅度不大，一般可不考虑。

第三节　材料的比热容

材料的比热容是表示 1kg 物质温度升高或降低 1℃时所吸收或放出的热量，单位为 kJ/(kg·K)。

材料的比热容主要取决于矿物成分和有机质的含量，无机材料的比热容要比有机材料的比热容小。表 1-7 列出了几种建筑材料的比热容。

几种建筑材料的比热容　　表 1-7

材　料　名　称	密度(kg/m³)	比热容［kJ/(kg·K)］
建筑钢	7800	0.46
铝	2700	0.46
矿渣混凝土	1500	0.75
石棉纤维	300	0.75
钢筋混凝土	2400	0.84
加气混凝土	600	0.84
石膏板	800	1.05
浮石	400	1.25
植物纤维板	300	1.46
沥青	1000	1.67
木棉板	450	1.88
木纤维板	300	2.09
木材	500～800	2.51

从表 1-7 中可以看出，各种材料的比热容大多在 0.42～2.51kJ/(kg·K)的范围内。各种轻骨料混凝土的比热容变化范围更小，在 0.75～0.84 之间(表 1-8)。

湿度对材料比热容有很大影响，随着材料湿度的增加，比热容也提高。这是材料中水分的影响，因为水的比热容 $c=4.18$kJ/(kg·K)，大大高于材料的比热容，因此，材料吸湿后

轻骨料混凝土的比热容　　表 1-8

材料名称	密度(kg/m³)	比热容[kJ/(kg·K)]
粉煤灰陶粒混凝土	1750	0.79
粉煤灰陶粒混凝土	1470	0.79
页岩陶粒混凝土	1050	0.84
黏土陶粒混凝土	1690	0.84
煤矸石混凝土	1770	0.79
膨胀珍珠岩陶粒混凝土	1230	0.84
大颗粒珍珠岩混凝土	890	0.84
火山渣混凝土	1660	0.75
膨珠混凝土	1980	0.79

必然提高其比热容的数值。大多数材料的比热容是随湿度的增高呈线性增加(图 1-24*a*，*b*)。对于木材等一些有机材料，其比热容与湿度的关系呈抛物曲线(图 1-25)。

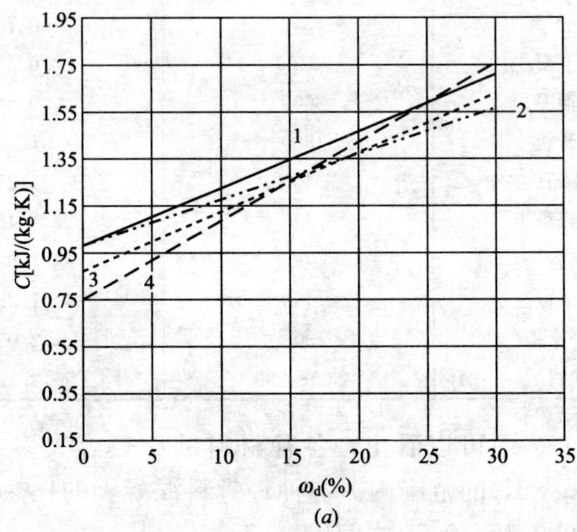

图 1-24　湿度对比热容的影响(一)

1—水泥珍珠岩 ρ=404kg/m³；2—加气混凝土 ρ=525kg/m³；3—砾砂 ρ=1400kg/m³；4—亚黏土 ρ=1200kg/m³

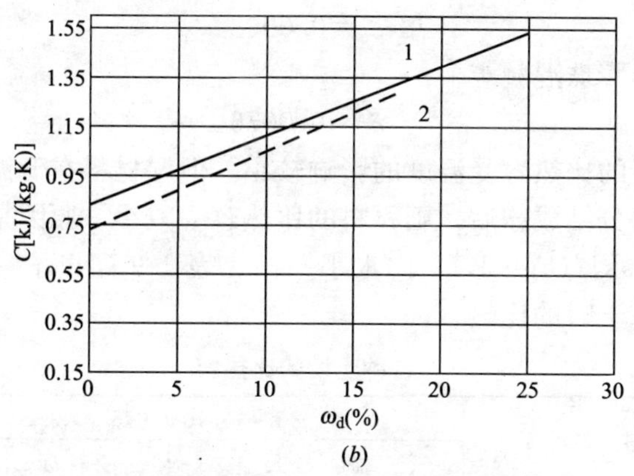

图 1-24 湿度对比热容的影响(二)

1—珍珠岩混凝土 $\rho=888kg/m^3$；2—火山渣混凝土 $\rho=1663kg/m^3$

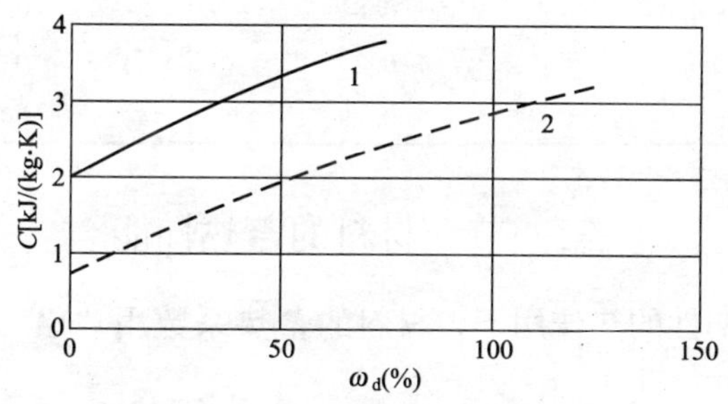

图 1-25 湿度对比热容的影响

1—木材；2—石棉硅藻土

通过大量试验数据的统计，得出轻骨料混凝土比热容与湿度关系的经验公式为

$$c_{湿}=c_{干}+\delta_c\cdot\omega_z \tag{1-13}$$

式中 $c_{湿}$——湿材料的比热容［kJ/(kg·K)］；

$c_{干}$——干材料的比热容［kJ/(kg·K)］；

δ_c——重量含水率每增加1%时，比热容的增值。

对于轻骨料轻砂(细骨料)的全轻混凝土

$$\delta_c=0.0064$$

对于轻骨料重砂混凝土

$$\delta_c = 0.0068$$

对于膨珠混凝土

$$\delta_c = 0.0076$$

材料的比热容受温度的影响较小。但湿材料在低温时，当材料中的水分结成冰后，则材料的比热容会减小，原因是冰的比热容为 2.09kJ/(kg·K)，比水小一倍。表 1-9 列出了一些土壤在融土和冻土时的比热容。

各种土壤的比热容　　表 1-9

材料名称	比热	
	融土	冻土
草炭亚黏土	1.05	0.84
亚黏土	0.88～0.92	0.75～0.79
碎石亚黏土	0.84	0.75
亚砂土	0.84	0.75
砂砾碎石土	0.79	0.71

第四节　材料的蓄热性能

在周期性的热作用下，材料的蓄热系数用“S”来表示，单位为 W/(m²·K)。

材料的蓄热系数，顾名思义就是表示材料储蓄热量的能力。蓄热系数越大，材料储蓄的热量就越多。蓄热系数是设计围护结构热稳定性不可缺少的一个重要的材料热物理指标。

材料的蓄热系数取决于导热系数、比热容、密度以及热流波动的周期(T)，可按下式确定：

$$S=\sqrt{\frac{2\pi}{T}\lambda\cdot c\cdot\rho}=2.507\sqrt{\frac{\lambda\cdot c\cdot\rho}{T}} \tag{1-14}$$

当周期 $T=24$ 小时时，公式(1-14)可写成

$$S_{24}=0.51\sqrt{\lambda\cdot c\cdot\rho} \tag{1-14a}$$

当周期 $T=12$ 小时时，公式(1-14)可写成

$$S_{12}=0.72\sqrt{\lambda\cdot c\cdot\rho} \tag{1-14b}$$

公式(1-14)清楚地说明，对于密度大的材料，其蓄热性能好；密度小的材料，蓄热性能就差。因此，轻型围护结构往往热稳定性差，其原因就在于此。

图 1-26 是轻骨料混凝土蓄热系数与密度的关系曲线。

图 1-27 是各种轻骨料混凝土的蓄热系数与湿度的关系曲线，它的变化规律同导热系数一样，呈线性变化。

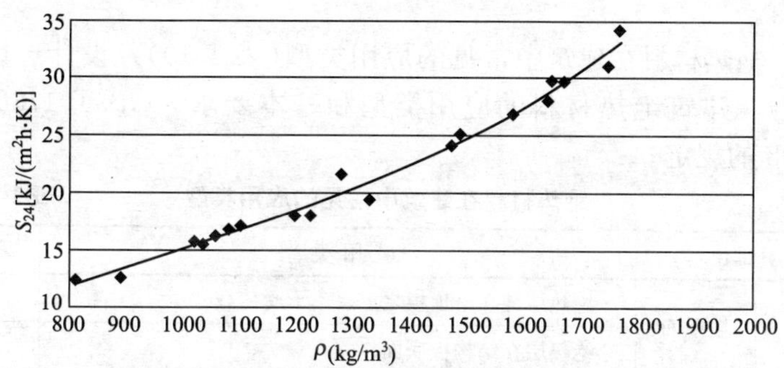

图 1-26　轻骨料混凝土蓄热系数与密度的关系

$S_{24.干}=1.3499\times e_{干}^{0.000992\rho_{干}}$

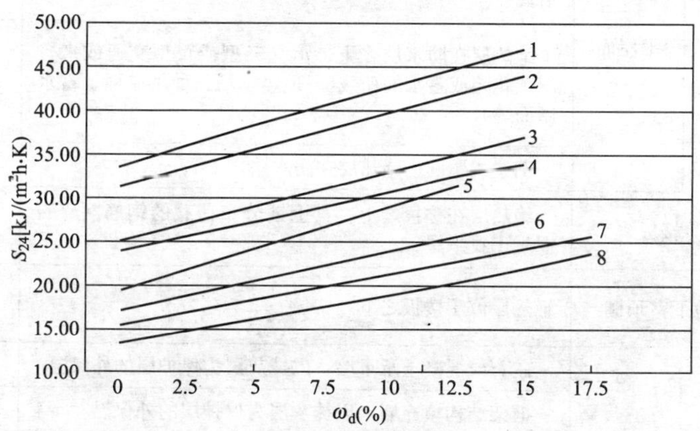

图 1-27　轻骨料混凝土蓄热系数与湿度的关系

1—自燃煤矸石混凝土 $\rho_{干}=1765kg/m^3$；2—粉煤灰陶粒混凝土 $\rho_{干}=1748kg/m^3$；3—黏土陶粒混凝土 $\rho_{干}=1486kg/m^3$；4—粉煤灰陶粒混凝土 $\rho_{干}=1472kg/m^3$；5—浮石混凝土 $\rho_{干}=1330kg/m^3$；6—页岩陶粒混凝土 $\rho_{干}=1052kg/m^3$；7—珍珠岩陶粒混凝土 $\rho_{干}=1017kg/m^3$；8—大颗粒珍珠岩混凝土 $\rho_{干}=888kg/m^3$

第五节　绝热材料热物理性能工程应用若干问题

绝热材料主要用于建筑物的屋面、外墙和地面等建筑外围护结构以及供暖、空调设备和管道，也适用于房屋分户楼板、分户隔墙以及地下室外围护结构的保温隔热。建筑物保温隔热的主要目的是保证居住及工作环境的热舒适性，节约能耗和防止表面结露。

绝热材料在建筑中常见的应用类型(表 1-10)及设计选用应符合《建筑绝热材料的应用类型和基本要求》GB/T 17369—1998 的规定。

绝热材料在建筑中常见的应用类型　　表 1-10

部位		应用类型	编号
屋面	坡屋面	绝热层铺在吊顶板之上，不承受荷载	1
		绝热层在结构板底面	2
	平屋面	绝热层在防水层之下，仅承受维修荷载	3
		架空屋面，绝热层在防水层之下，仅承受架空层荷载	4
		绝热层在防水层之下，承受轻型或重型交通或来自屋顶花园或蓄水的荷载(屋顶停车场、种植屋面、蓄水屋面等)	5
		倒置式屋面，绝热层在防水层之上	6
楼板		绝热层在楼板之上，其上铺分布荷载的钢筋网碎石混凝土找平层	7
地下室顶棚		绝热层位于楼板之下	8
墙体	外墙	砖石或混凝土承重墙，以抹灰层为保护层的外保温	9
		框架结构填充墙，以抹灰层为保护层的外保温	10
		砖石或混凝土承重墙，墙均匀支撑具有轻质保护面层(如石膏板)的内保温	11
		砖石或混凝土承重墙，木龙骨局部支撑具有轻质保护面层的内保温	12

续表

部位		应用类型	编号
墙体	外墙	砖石或混凝土承重墙，有重质、自承重保护面层(如饰面砖)的内保温	13
		空心墙体，绝热层在两层墙体之间，具有通风空腔	14
		空心墙体，绝热层填满空腔，外侧墙体不防渗	15
		地下墙体，以抹灰层为保护层的外保温	16
		地下墙体，直接与土壤接触的外保温	17
		地下室墙体，内保温	18
	隔墙	绝热层在隔墙两侧	19
地面		绝热层在混凝土板和防水层之上，其上铺分布荷载的钢筋网碎石混凝土找平层	20
		绝热层在混凝土下面直接与土壤接触	21
		绝热层在混凝土板之下、防水层之上	22
		温度在冰点以下，绝热层在土壤内或靠在土壤上	23
管道	保温		24
	保冷		25

1. 模塑聚苯乙烯泡沫塑料(EPS)

EPS板由可发性聚苯乙烯珠粒加热预发泡后，在模具中加热成型。EPS由完全封闭的多面体形蜂窝构成。蜂窝的直径为0.2～0.5mm，蜂窝壁厚为0.001mm。EPS由约98%的空气和2%的聚苯乙烯组成。截留在蜂窝内的空气是一种不良导体，对泡沫塑料优良的绝热性能起决定性的作用。和含有其他气体(例如，新制成的聚氨酯泡沫塑料蜂窝空腔中充满着氟利昂气体)的泡沫塑料不同，聚苯乙烯泡沫塑料中的空气能长期留在蜂窝内而不会发生变化，因此保温性能能够长期稳定不变。

图1-28示出了在其他参数不变的情况下，EPS板导热系数与密度的关系。由图可以看出，在密度从30～50kg/m^{3}的范围内，导热系数处于最小值。在平均温度为10℃，密度为20kg/m^{3}时，

导热系数为 0.033～0.036W/(m·K)。密度小于 15kg/m³ 时，导热系数随密度的减小而急剧增大。

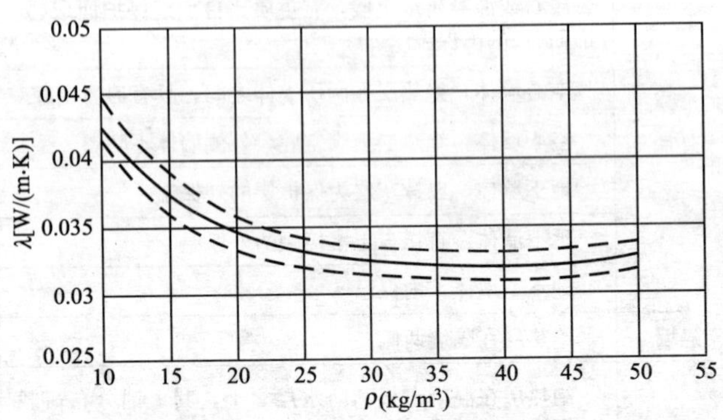

图 1-28　EPS 板导热系数与密度的关系(平均温度 10℃)

EPS 板是由无数的珠粒经加热加压粘结在一起而成。珠粒之间的粘结程度是非常重要的，它将直接影响 EPS 板的吸水率、机械强度和其他物理性能。而珠粒粘结的好坏主要是由 EPS 原料决定的。此外，加工工艺和产品密度对此也有一定影响。例如，低密度(10kg/m³ 以下)的 EPS 板珠粒间的粘结就很差，珠粒很容易剥落。

EPS 板导热系数小，弹性多孔结构能吸收热湿应力，即使在罕见的气候条件下材料中出现水蒸气凝结并且结冰，自身结构也不会破坏，具有很好的使用耐久性。EPS 板自重轻，且具有一定的抗压、抗拉强度，靠自身强度能支承抹面保护层，不需要拉结件，避免形成热桥。EPS 板化学稳定性好，耐酸碱，具有很好的使用耐久性。

由于具有上述诸多优点，并且价格适中，使得 EPS 板已成为当今世界上使用最广泛的绝热材料，下面首先介绍有关 EPS 板使用的几项性能。

(1) 老化性能：

老化试验机试验：日本 WEL-6X-HCE 型老化试验机，氙灯功率6kW，每小时降雨12min，加热48min，温度55℃，相对湿度95%。EPS板试样1表面裸露，试样2表面覆盖一层牛皮纸。试验500h后，试样1表面呈凹凸不平状，凹陷深度小于1mm。试样2EPS板表面无变化。

室外自然暴露试验：EPS板表面裸露，分别放置在屋面、阳台经受日光照射，在不到1个月的时间内，EPS板表面即开始粉化。即使放在朝北的窗外，经过一个冬季室外暴露，表面也已明显粉化。

使用调查：意大利某朝南的外墙，用EPS板做外保温，表面只喷涂一薄层涂料作为保护层。使用10年后取样检验，EPS板的多孔结构、密度、热工性能和力学性能没有发生任何变化。国内铁路冷藏车厢用EPS板做保温层，使用8～10年后拆换下来，扔在露天经受日晒风吹雨淋，只是表皮变得粗糙。用电热丝切割后观察，切割表面与新的产品并无区别。经试验室检测，密度为17.8kg/m^3，导热系数为0.0335W/(m·K)。车厢底部EPS板，因长期受盐水浸泡，密度为103.8kg/m^3，导热系数为0.0386W/(m·K)。在70℃下烘12天，密度下降为30.5kg/m^3。折断后观察，EPS颗粒表面被盐水浸成黄色。将颗粒切开后，内部仍为白色。

以上情况表明，EPS板具有很好的使用耐久性。不过当EPS板直接暴露于室外气候条件下时，表面又极易受到损坏。然而，当EPS板表面做有保护层时，哪怕只有一层牛皮纸，都能具有良好的耐自然老化性能。

(2) 耐热性和尺寸稳定性：

EPS板的尺寸变化可分为热效应和后收缩两种变化。温度变化引起的变形是可逆的。EPS板在加热成型后会产生收缩，这就是后收缩。后收缩的收缩率起初较快，以后逐渐变慢。收缩到某一极限值后就不再收缩。

用不同的原料和不同的加工条件生产的EPS板，其后收缩量是不同的。EPS板在70℃下的尺寸变化率一般在0.07%～

0.38%之间。在混凝土构件中，以EPS板为夹心层的复合墙体在窑内养护温度超过90℃、养护时间8h的情况下，EPS板的厚度明显缩小。在温度较高的热水中，EPS板外观发生明显变化，表面呈凹凸不平状。EPS板在100℃以上的环境温度下尺寸会大幅度收缩。

(3) 受潮性能及其对热阻的影响：

EPS板在23℃水中等温浸泡96h的吸水率一般在0.51%～0.74%之间。实际使用时，EPS板两表面间存在温差和水蒸气分压力差。一般来说，EPS板用于外墙和屋面保温时，不会产生明显的受潮问题。然而，当EPS板一侧长期处于高温高湿环境，另一侧处于低温环境并且被透蒸气性不好的材料封闭时，EPS板会严重受潮。

普通屋面冬季受潮模拟试验：在EPS板下表面模拟冬季室内气候条件(温度21℃，相对湿度42%)，上表面模拟冬季室外气候条件(温度－7℃，相对湿度100%)。EPS板试样密度16kg/m^3，有的四周边缘用透水蒸气性小的薄膜密封，有的冷表面密封，有的边缘和冷表面都密封，还有个别试样完全不密封。经过120天试验后，EPS板的重量吸湿率不大于0.2%，导热系数平均增加2.2%。

湿热环境受潮模拟试验：试样尺寸300mm×300mm，厚度25mm。用两层隔汽层把试样四周及上表面密封起来，使试样下表面处于湿热环境(温度29℃，相对湿度100%)，上表面处于低温环境(温度4℃，相对湿度75%)。这种情况代表一种导致受潮的严酷的边界条件。水蒸气被从湿淋淋的下表面朝着上表面驱赶，并且又因有密封层而不能由上表面向外干燥。试样分为EPS-1、EPS-2、PUR和XPS四种材料，四种材料的密度分别为16，30，32和38kg/m^3。试验期间定期测量试样的体积含湿量和热阻。试验结果示于图1-29和图1-30。图中，热阻比为试样受潮后的热阻与干燥状态下的热阻之比。由图1-29可以看出，经过400天后，EPS-1、EPS-2和PUR的体积含湿量都已超过

30%，唯独 XPS 试样甚至在经过 1800 天后体积含湿量仍然不到 10%。

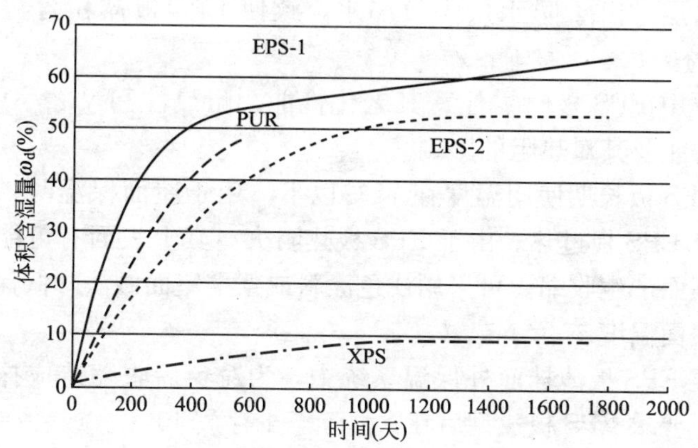

图 1-29 试样含湿量随时间的增长

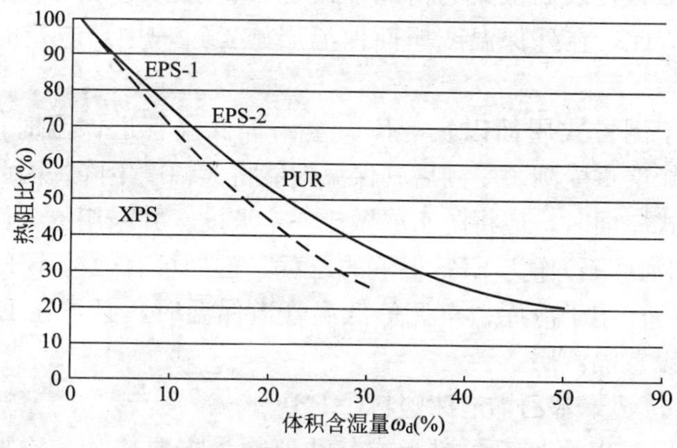

图 1-30 试样热阻比与含湿量的关系

实际使用情况调查发现，一些倒置式屋面使用三年后，EPS 板和 PUR 板体积含湿量均超过 40%，热阻下降了 60%～70%。同时也发现 XPS 板吸湿量很小。

EPS 板用于外墙及普通屋面保温时，长期使用过程中含湿量增加不大，保温性能变化很小。但当屋面防水层失效后，EPS

板仍有可能严重受潮。北京某办公楼屋面在原有防水层上铺 5cm 厚 EPS 板加强保温，EPS 板上再铺 8cm 厚沥青珍珠岩，上面再做防水层。由于防水层失效漏水，致使 EPS 板体积含湿量高达 25%。

选用 EPS 板时需注意其老化性能、耐热性和尺寸稳定性、受潮性能及其对热阻的影响。

EPS 板长期使用温度在 75℃以下。用于屋面保温时，需注意防止 EPS 板过热。由于 EPS 板热阻大，其上表面有可能因温度过高而产生收缩。可采用浅色涂料或架空屋面做法降低保温屋面的表面温度。

在 EPS 板薄抹面外保温系统中，为避免后收缩造成抹面层开裂，要求 EPS 板成型后在常温下至少存放 40 天。或者在 70℃下至少养护 1 周。同时要求尺寸稳定性在 0.3%以下。

EPS 板在表面裸露的情况下极易因直射阳光和风化作用而损坏。因此，在外保温或屋面保温层施工过程中，应及时做保护层。

用于倒置式屋面以及冷库、空调等低温管道保温时，EPS 板有可能严重受潮。受潮后其保温效能将大幅度下降。因此，设计倒置式屋面时，应将防水层做成一定坡度，并采用透气性好的材料（如河卵石）作为 EPS 板上的压载。这样可有效减小 EPS 板受潮危险。用于冷库、空调等低温管道保温时，必须在 EPS 板外表面设置隔汽层。

2. 挤塑聚苯乙烯泡沫塑料（XPS）

XPS 是以聚苯乙烯树脂或其共聚物为主要成分，添加少量添加剂，通过加热挤塑成型而制得的具有闭孔结构的硬质泡沫塑料。

XPS 板具有特有的微细闭孔蜂窝状结构，与 EPS 板相比，具有密度大、压缩性能高、导热系数小［房屋建筑常用的 XPS 板在常温下的导热系数约为 0.027W/(m·K)］、吸水率低、水蒸气渗透系数小等特点。在长期高湿度或浸水环境下，XPS 仍能保持其优良的保温性能。此外，XPS 板还具有很好的耐冻融性能。经过 1000 次冻融循环后，XPS 板的压缩性能保留率仍在 92％以上。XPS 板还具有较好的抗压缩蠕变性能。

XPS 板长期吸水率低，特别适用于倒置式屋面和空调风管。

3. 硬质聚氨酯泡沫塑料(PUR)

PUR 以聚醚树脂或聚酯树脂为主要原料，与异氰酸酯定量混合，在发泡剂、催化剂、交联剂等的作用下发泡制成。

PUR 具有下列性能特点：(1)导热系数小，在至今已有的保温材料中，该产品的导热系数是最小的，新制成的 PUR 在常温下的导热系数可小于 0.016W/(m·K)；(2)使用温度较高，添加耐温辅料后，使用温度可达 120℃；(3)抗压强度较高；(4)化学稳定性好，耐酸碱。

与 EPS 不同，硬质聚氨酯泡沫塑料使用氟利昂(CFC)(或其他种类)发泡剂发泡。泡孔中的发泡剂比空气的导热系数小。随着使用时间的增长，发泡剂因扩散作用不断与环境中的空气进行置换，致使聚氨酯泡沫塑料的导热系数随时间而逐渐增大。为了克服这一缺点，可采用压型钢板等不透气材料做面层将其密封，以限制或减缓这种置换作用。

硬质聚氨酯泡沫塑料由于使用温度较高，多用于供暖管道保温。现场喷涂聚氨酯泡沫塑料使用温度高，压缩性能高，施工简便，较 EPS 板更适用于屋面保温。聚氨酯泡沫塑料用于管道(尤其是地下直埋管道)和屋面保温时，应采取可靠的防水、防潮措施。同时应考虑导热系数会随时间而增大，尽量采用密封材料作保护层。

4. 聚乙烯泡沫塑料 (PE)

PE 以聚乙烯树脂为主要原料，加入交联剂、发泡剂、稳定剂等一次成型。

PE 为软质闭孔材料，导热系数与 EPS 板相近。化学稳定性好，耐酸碱。

聚乙烯泡沫塑料 (PE)吸水率极低，几乎不吸水；水蒸气渗透系数极小，几乎不透水蒸气。这是它的两个突出优点。聚乙烯薄膜由于分子排列的致密性而能阻隔水分子的渗透。PE 泡沫塑料为微孔闭孔结构，每一个泡孔壁就是一层很好的隔汽层，因而使 PE 泡沫塑料具有极好的不透水性和隔水蒸气性能。图 1-31 示出了潮湿环境下泡沫塑料导热系数随时间的变化。由图可以看出，PE 泡沫塑料长期在潮湿环境下使用不会受潮，因而导热系数能够保持不变。这是 EPS、PUR、PF 等泡沫塑料无法相比的。

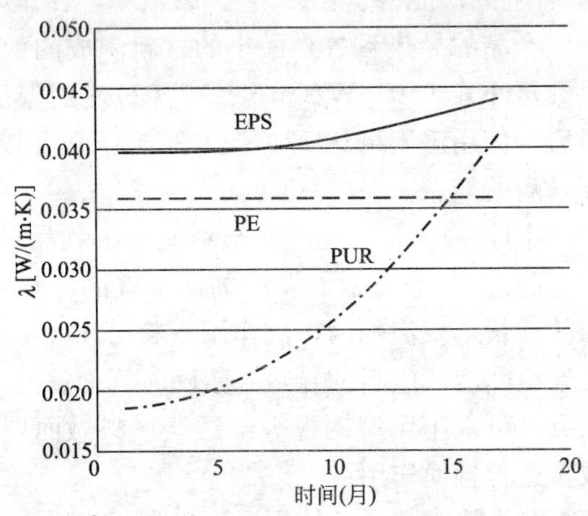

图 1-31　潮湿环境下泡沫塑料导热系数随时间的变化

（试样放置环境条件：35℃饱和水蒸气）

PE 泡沫塑料经 400h 光老化后，抗拉强度不变，延伸率下降 10％。

PE 泡沫塑料属于软质泡沫塑料，其抗拉强度和压缩性能较差，受压状态下使用时存在压缩蠕变。

PE 泡沫塑料具有很好的柔韧性，而且几乎不吸水和不透水蒸气，特别适用于低温管道和空调风管。也可用于普通屋面和倒置式屋面。用于屋面保温时，需考虑压缩蠕变。

5. 酚醛泡沫塑料（PF）

PF 以酚醛发泡树脂为主要原料，经乳化、发泡，在模具中加热固化成型。

酚醛泡沫塑料(PF)是一种难燃、低毒、低烟材料。该材料为微细闭孔结构，泡孔直径 50～80μm，导热系数、化学稳定性与聚氨酯泡沫塑料相近，而其耐热性、阻燃性却远远优于聚氨酯及其他泡沫塑料。该材料长期使用温度低温可达－200℃，高温可高达 200℃，允许间歇温度高达 250℃。聚氨酯泡沫塑料发烟温度低，遇火时产生大量浓烟与有毒气体。而酚醛泡沫塑料氧指数高达 50，烟密度等级(SDR)为 4，在空气中不燃，不熔融滴落。按 GB 9978—90 进行耐火试验时，试件无明显变形，无窜火现象。

酚醛泡沫塑料各项性能和价格与聚氨酯相当，只是压缩性能较低。由于它的耐温性和防火性能远远优于聚氨酯，所以特别适用于高温管道和对防火要求严格的场合。

6. 尿素甲醛现浇泡沫塑料（UF）

UF 是将尿素、甲醛树脂充分溶于水中，通过压缩空气经喷枪与发泡乳液混合而产生泡沫并自由膨胀填充预留空间。

UF 具有下列性能特点：(1)导热系数与 EPS 相近；(2)密度一般为 10～15kg/m^3；(3)长期使用温度 100℃，热稳定性在 200℃以上；(4)机械强度低，不能承受力学荷载。

UF 发泡反应时间不大于 1 分钟。该产品耐老化、耐霉菌。干燥后对金属不腐蚀。UF 泡沫塑料存在甲醛释放问题。德国标准 DIN 18159 part 2《建筑用现浇泡沫塑料　尿素甲醛树脂隔热泡沫塑料》中规定甲醛释放量应低于有害值。

尿素甲醛现浇泡沫塑料适用于夹心墙体和空心砌块填充保温。泡沫硬化过程中，在被填充空间中会有水分释放，要求预留空间外围材料应有良好的透水蒸气性，能使硬化泡沫充分干燥。如果该材料的应用空间长期处于潮湿状态，或者材料不是用于保温而是保冷，则应对潮湿问题特别加以考虑。这种材料在干燥过程中收缩较大(干燥收缩率不大于 4%)，材料中有可能产生裂缝，而且在材料与空间的接触面处容易产生松脱现象。这些现象与材料干燥速度及与空间边界的结合力有关。如果不允许有此种现象发生，应事先向材料供应商提出。此外，还应注意浇灌注入孔的合理分布，以保证泡沫材料完全充满整个被填充空间。

7. 矿物棉制品

矿物棉是玻璃棉、岩棉和矿渣棉的统称。岩棉因生产工艺不同可分为摆锤法岩棉和沉降法岩棉。摆锤法岩棉把集棉与铺棉工序分开，集棉时将纤维与渣球分离并形成低密度的薄层棉，再通过铺棉时摆动带的往复摆动叠铺，同时调节传送带速度(自动称重反馈)，形成均匀分布的高弹性、高强度的岩棉制品。沉降法岩棉采用沉降室收铺棉技术，纤维流股随时间变化，沉降室负压配置不均匀，很难形成沿长度方向纤维密度的均匀分布。

岩棉制品酸度系数高，化学性能稳定。岩棉制品可溶性氯离子含量低，对钢铁构件(包括奥氏体不锈钢)没有腐蚀作用。无机矿物纤维使用温度高，岩棉制品的压缩率取决于制品的密度和荷载条件。

岩棉制品在高温下可能产生收缩变形，抗收缩变形性能可用热稳定性来评价。密度低的岩棉制品在长期使用或有高频低幅振动的场合使用时，可能发生厚度沉陷。

国内目前绝大多数岩棉生产厂家只能生产沉降法岩棉。其中质量好的岩棉制品加入了憎水剂，吸湿率可做到 0.33%以下。

目前国内已有厂家生产摆锤法岩棉制品。摆锤法岩棉制品叠层多，纤维方向性强，不易分层脱落。20℃时导热系数在 0.035 W/(m·K)左右。在温度 50℃、相对湿度 95%条件下暴露 96h，吸湿率小于 0.2%。抗拉强度、抗沉陷性能及热稳定性优于沉降法岩棉制品。

超细玻璃棉系以玻璃为主要原料，用火焰喷吹法生产，平均直径为 3～4μm。玻璃棉制品密度和导热系数一般低于岩棉制品。玻璃棉制品适用于空调风管保温，兼有吸声功能。

矿物棉制品是无机材料，人们普遍认为它们是耐久的。然而，有研究资料指出，热和水蒸气的作用可能对无机矿物纤维产生有害影响。矿渣棉、岩棉在高温高湿环境中会受到化学浸析作用，当温度高于60℃时，在高湿环境中还会发生水合作用。矿渣棉、岩棉长期暴露于高温高湿环境，可能导致纤维变质碎断以及保温性能的降低。

研究资料表明，玻璃棉制品耐受高温高湿环境条件的性能优于岩棉制品。

矿物棉制品与泡沫塑料、泡沫玻璃、膨胀珍珠岩等硬质绝热材料相比，最大的不同有以下两点：一点是水分的极易迁移特性，另一点是高的空气渗透性。

水分在矿物棉保温材料中具有极易迁移特性。饱和含水的矿物棉保温材料将分两个阶段进行干燥。第一阶段液态水靠重力作用排出，大约延续几个小时。排水速率以及剩余含水量在很大程度上取决于材料放置的方向。在竖直方向，除底部0.1～0.2m处仍然饱和外，其余部分的体积含水量会很快降至3%～5%。第二阶段延续时间在几天至几个月。干燥机理是水分的蒸发，并以蒸汽形态向材料外扩散。如果在冷侧存在不透气的表面层(例如隔汽层)阻碍干燥，水蒸气将在此处凝结，大部分水分将很快凝聚成一个薄层。在第二阶段水分干燥(或重新分布)期间，热流和材料温度会受到相变的影响。

矿物棉制品固有的疏松构造导致了很高的空气渗透性。

岩棉、玻璃棉制品在建筑上可用于钢结构、混凝土和砖石结构的屋面、外墙、隔墙以及幕墙的保温和高温管道保温。

选用矿物棉制品时，应考虑其水分迁移性、空气渗透性、可压缩性及使用耐久性。

由于水分在矿物棉绝热材料中具有极易迁移特性，对于竖直建筑构件(如外墙)，由于液态水会很快从底部排出，非永久性的受潮并不会对构件的保温性能造成明显影响。然而对于水平建筑构件(如平屋面)就可能产生明显影响。这主要是由于相变作用引起的。在冬季，屋面结构中的水分可能以蒸汽形态靠扩散作用向上迁移，水分将在防水层下表面凝结成液态水。液态水在重力作用下又向下迁移。水分这样反复进行迁移，汽化热主要取自室内，而凝结热却散到室外。虽然含湿量未变，屋面的热阻却降低了。

对于保温层裸露的通风屋面以及保温层两侧有空腔的墙体来说，如果不采取可靠的防渗透措施，矿物棉制品高的空气渗透性会使保温性能大幅度下降。

在常用密度范围内，矿物棉制品的导热系数基本上不随密度而变。然而矿物棉制品的热阻却与其厚度成正比。由此可见，荷载作用而造成的压缩，长期荷载作用下的压缩蠕变、长期使用下的沉陷等都会导致热阻的下降。

矿物棉制品的耐久性主要涉及压缩蠕变、沉陷及受潮变质，这些变化都会直接影响其保温性能。

8. 泡沫玻璃

泡沫玻璃是将玻璃和在高温下能产生大量气泡的材料混合并在高温下熔融发泡，经冷却后形成的具有封闭气孔的泡沫玻璃制品。泡沫玻璃为不燃材料，化学性能稳定，不受虫蛀。泡沫玻璃具有使用温度范围宽、抗压强度高、吸水率低、水蒸气渗透系数小、尺寸稳定性好等诸多突出特点。但是因其为脆性材料而有易碎、易破损等缺点。

泡沫玻璃几乎不吸水，不透水蒸气，长期在湿热环境下使用时，含水率不会增加，因而导热系数能不受使用环境和使用年限的影响。

泡沫玻璃抗拉强度高，能与胶粘剂牢固粘结。在各种温度下都具有极好的尺寸稳定性，能有效地防止自身及其保护层的开裂。

泡沫玻璃具有很好的应用前景，可广泛用于屋面、地面、墙体及高、低温管道保温。只是因其价格较高，产品质量良莠不齐，在建筑上应用还不够普遍。应用不普遍的另一个原因是宣传及开发力度不够，它的诸多优点尚未被人们了解，一些设计和施工方面的具体问题尚需通过试点工程进行解决。

9. 膨胀珍珠岩绝热制品

膨胀珍珠岩绝热制品以膨胀珍珠岩为主要成分，掺加胶粘剂、掺或不掺增强纤维，经成型加工制成。该材料为不燃材料，具有耐高温、使用温度范围宽、抗压强度较高等特点。普通型产品无憎水性。憎水型产品中添加憎水剂，降低了表面亲水性能。

早期的膨胀珍珠岩制品强度低，极易破损。普通膨胀珍珠岩制品的最大缺点是吸水率大，24 小时重量吸水率一般都超过100％。憎水珍珠岩绝热制品因掺加了憎水剂，其憎水率可达99％以上，强度也有较大提高。膨胀珍珠岩绝热制品除用于一般屋面、地面、墙体、管道保温外，还可用于停车场等有较大荷载的地面保温。

普通型膨胀珍珠岩绝热制品易吸水，贮运中应防雨淋。使用时应做好防水构造设计和施工。

憎水型珍珠岩绝热制品因含有憎水剂，不易与水泥砂浆粘结。选用时应注意同时选用与之配套的胶粘剂。

10. 胶粉 EPS 颗粒保温浆料

胶粉 EPS 颗粒保温浆料由矿物胶凝材料、少量高分子聚合物和 EPS 颗粒集料组成。其中 EPS 颗粒体积一般都在 80％以上。产品属于干拌灰浆，EPS 颗粒与胶凝材料可分开包装。使用时两种材料混合并加水搅拌。主要用作现场抹灰保温材料。

保温浆料中 EPS 颗粒所占比例以及固化砂浆的密度对其导热系数起决定性作用。此外，保温浆料的吸水率对保温性能也有重要影响。各厂家产品由于添加剂不同，其吸水率可能有很大差别。

目前国内市场上有各式各样的保温浆料。选用保温浆料时，首先应弄清浆料中使用什么材料作为保温材料，再者是用什么材料作为胶凝材料。EPS 颗粒具有可靠的保温性能，在各种保温浆料中，目前值得推荐的只有 EPS 颗粒保温浆料一种。对于胶凝材料，应特别注意不能含有对人体有害的物质(例如甲醛)，尤其是用作内保温时。

EPS 颗粒保温浆料可用于外墙内保温和外保温。由于它可在任意形状的建筑构件上方便地抹涂，特别适用于外墙内表面热桥部位的保温。由于 EPS 颗粒保温浆料的导热系数接近于 EPS 的两倍，又由于最大抹灰厚度受到一定限制，在寒冷地区和严寒地区使用会有一定的局限性。EPS 颗粒保温浆料特别适用于夏热冬冷地区外墙保温和寒冷、严寒地区的室内分户隔墙和楼板保温。

EPS 颗粒保温浆料在有可能受潮的部位使用时，应采取可靠的防水或隔汽措施。

第二章 材料热物理系数测定方法

测定建筑材料热物理系数的方法可分为两类：(1)稳定热流法；(2)非稳定热流法。

第一种方法是经过材料试件的热流，在数值上和方向上都不随时间而变，即温度场是稳定的。这样，可以根据稳定热流强度、温度梯度和导热系数之间的关系来确定导热系数。

$$\lambda=\frac{q\cdot d}{t_1-t_2} \tag{2-1}$$

式中 q——稳定热流强度(W/m^2)；

d——试件的厚度(m)；

t_1-t_2——试件两侧面的温度差(K)。

基于稳定热状况的方法又可分为三种类型：

(1) 平板法，包括单平板法、双平板法、相对平板法(比较法)；

(2) 圆管法；

(3) 球体法。

稳定热流法的原理比较简单，计算方便，因而较容易使导热系数实现数字显示。然而，这种稳定热流法需要有复杂的试验装置，而且试验时间较长，一般为 4 小时左右。

与稳定热流法相比，非稳定热流法在一次试验中可以同时测出材料的导热系数、导温系数和比热容，且试验时间短(一般为 10～20 分钟)。目前，国内外对于非稳定热流测定方法大致可以归纳为：

(1) 利用在恒温介质中加热或冷却的“正常状况法”；

(2) 具有内热源的非稳定热流法；

（3）利用介质温度呈线性或周期性变化时加热或冷却的准稳定方法。

第一节　稳态测试方法概述

稳态条件下的传热性质测试方法主要有防护热板法、热流计法及标定和防护热箱法。这些方法都有各自的特点和适用条件。不同材料根据自身的特性和使用条件，可选用不同的方法测定。

一、稳态热阻的测定——防护热板法

1. 适用范围和特点

（1）标准中规定了使用防护热板装置测定平板试件稳态热传导的试验方法以及对热传导性能的计算。

（2）测量时只需测定试件尺寸、试件两侧的表面温度和加热所需电功率。

（3）防护热板法的测试范围：试件热阻不低于 $0.1m^2 \cdot K/W$；若试件热阻低于 $0.02m^2 \cdot K/W$ 时，其准确度和重复性将不能保证。

2. 基本原理

对于厚度为 d 的无限大的单层匀质平壁，当两侧的温度保持恒定，分别为 t_1 和 t_2，且 $t_1>t_2$，根据傅立叶定律可以得到公式(2-2)

$$q=-\lambda\frac{\mathrm{d}t}{\mathrm{d}x} \tag{2-2}$$

将式(2-2)分离变量积分，得到单层匀质平壁在一维稳态条件下的热流密度计算公式为：

$$q=\frac{\lambda}{d}(t_1-t_2) \tag{2-3}$$

由公式(2-3)可以得到匀质材料导热系数 λ

$$\lambda=\frac{qd}{(t_1-t_2)} \tag{2-4}$$

式中　q——单位时间内通过单位面积所传递的热量(W/m^2)；

d——单层平壁的厚度(m)；

t_1，t_2——壁面两侧的温度(K)。

3. 设备构造

(1) 防护热板导热仪主要由主体部分、冷/热源测控系统、测量仪等组成。

(2) 主体部分又由热板、冷板、试件压紧系统组成。

(3) 热板由背护热板、主加热板、护加热板组成。最终使三板的温度达到平衡，实现单向稳态的一维传热。冷板由铝板、半导体制冷器、冷却水套组成，主要是提供一个稳定的冷源。

4. 试件的制备

(1) 根据装置的形式从每个样品中选择一或两个试件。当需要两个试件时，它们应尽可能地一样，厚度差别应小于2%。试件的大小应足以完全覆盖加热单元的表面，试件的厚度取实际使用中的厚度或取足以反映试件材料真实平均情况的厚度。

(2) 试件的制备和状态调节应按照被测材料的产品标准进行，无标准时，试件表面应用适当方法加工平整，使试件与冷热板紧密接触，硬质试件表面应制作得与加热单元一样平整，并且整个表面的不平整度应在试件厚度的2%以内。

(3) 测定试件质量后，必须把试件放在干燥器或通风的烘箱里，用材料适宜的温度将试件调节至恒定的质量。对热敏感材料不应暴露在会改变试件性能的温度下。

5. 测试方法

(1) 测定试件厚度。测定厚度可由加热单元和冷却单元位置确定或在测试开始时测量。

(2) 测定试件质量准确到0.5%，称量后立即将试件放入装置中测定。

(3) 温差选择可根据材料的产品标准要求、被测试件或样品的使用条件而定。如果是确定温度与传热性质的关系时，温差尽可能小。

(4) 当试件达到稳定后，结果不是单方向变化时，并且导热系数一小时内上、下波动小于±1%，试验结束。

6. 计算

用稳态数据的平均值进行所有的计算。

热阻 R 按下式计算：

$$R=\frac{t_1-t_2}{Q}\times A \tag{2-5}$$

导热系数用下式计算：

$$\lambda=\frac{Qd}{A(t_1-t_2)} \tag{2-6}$$

式中 Q——单位时间内通过单位面积所传递的热量（W/m^2）（双试件功率除以 2）；

d——试件平均厚度（m）；

t_1，t_2——试件两侧的平均温度（K）；

A—计量面积（m^2）。

7. 报告

如果要出具报告应包括以下信息：

（1）材料的名称、标志和物理性能。

（2）试样说明及其与取样关系的描述。

（3）试样的厚度、收到及检测时的厚度。

（4）方法和用于制备的环境，如果采用的话。

（5）已制备和检测的试样密度。

（6）测定的平均温度（K 或℃）。

（7）平衡时的热流密度（w/m^2）。

（8）试样的热阻（$m^2\cdot K/W$）或导热系数［$W/(m\cdot K)$］。

其他需要说明的。

二、稳态热阻的测定——热流计法

热流计法提供了一种快速与高精度测量材料热物理性能的检测技术，因而在研究领域与质量控制工作方面得到广泛的应用。目前，这种快速、简便、精确度较高、价格适中的热流计式导热系数测定仪在国内受到欢迎。

1. 适用范围和特点

(1) 标准中规定了使用热流计装置测定平板试件稳态热传导的试验方法以及对热传导性能的计算。

(2) 热流计检测方法是根据被测试件与标准试件热阻相比较而得出的一种间接或相对的方法。标定检测设备必须用已知试样的热传导性能。标定试样的特性必须可追踪其绝对检测方法，还应该得到国家标准实验室的认可(此项目在国内尚未开展)。

(3) 试件的热阻应大于 $0.1m^2 \cdot K/W$，且厚度满足测量精度要求。

2. 基本原理

热流计法导热系数测定时，被测试样放置在二个相互平行且具有恒定温度的平板中，在稳定状态下，热流计和试样中心测量部分，具有一维恒定热流。此时测量冷、热板热流计输出的热流密度和表面温度值，就可计算任一平均温度下的热阻 R。若输入试件厚度，就可算出试样的导热系数 λ 值。

3. 设备构造

仪器由主体、冷热源和测控系统三部分组成

(1) 主体部分

主体部分由热板、冷板及热流计等部分组成。

(2) 冷、热源及测控系统：

加热和冷却单元的工作表面应是等温表面。可通过在两块金属板中放置功率比较均匀的电热丝或在板中通以恒温的流体来达到。

4. 试件的制备

同防护热板法。

5. 测试方法

同防护热板法。

6. 计算

热阻 R 按下式计算：

$$R=\frac{\Delta t}{C_t\times E_t} \tag{2-7}$$

导热系数 λ 按下式计算：

$$\lambda=\frac{C_t\times d\times E_t}{\Delta t} \tag{2-8}$$

式中 R——试件热阻($m^2 \cdot K/W$)；

C_t——热流计在平均温度为 t 时的标定系数［$W/(m^2 \cdot mv)$］；

E_t——热流计在平均温度为 t 时的热电势(mV)；

d——试件厚度(m)；

Δt——试件表面温差(K)。

三、稳态传热性质的测定——标定和防护热箱法

依据国际标准 ISO 8990：1994(E)及国家标准 GB/13475《绝热　稳态传热性质的测定　标定和防护热箱法》方法，在 20 世纪 90 年代初，我们研制了“JW-1 型墙体保温性能检测装置”设备，热箱法是最适合于检测各种空心砖、空心砌块砌体和复合板材的热工性能测试的方法。这种方法除了可以测量墙体热阻外，还可测量热桥部位的表面温度分布，采取适当措施后，还可检验热桥部位结露情况。

1. 应用范围和特点

热箱法适用于在实验室内检验均质或非均质垂直试件(如墙体)以及水平试件(如天花板和楼板)的传热系数或热阻。不适用于测定特殊构件(如窗)以及试验过程中有穿过试件的传质现象的测量。

2. 原理

这种方法基于一维稳态传热原理，在试件两侧的箱体(冷箱和热箱)内，分别建立所需的温度、风速和辐射条件，达到稳定状态后，测量空气温度、试件和箱体内壁的表面温度及输入到计量箱的功率，就可计算出试件的热传递性质。

3. 设备构造

(1) 防护热箱法：防护箱、计量箱、冷箱、试件架；

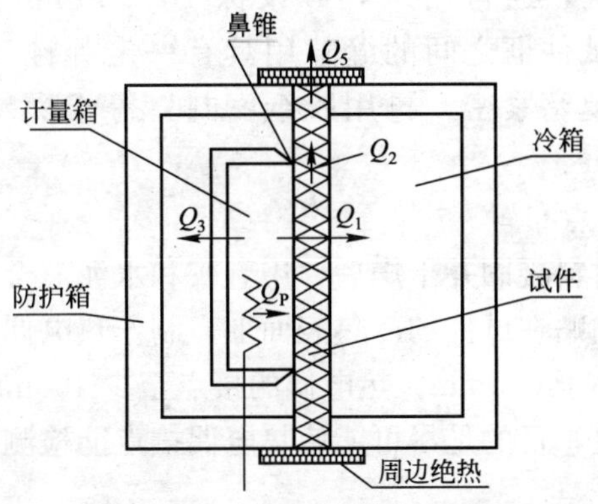

图 2-1　防护热箱构造示意图

(2) 标定热箱法：计量箱、冷箱、试件架、标定；

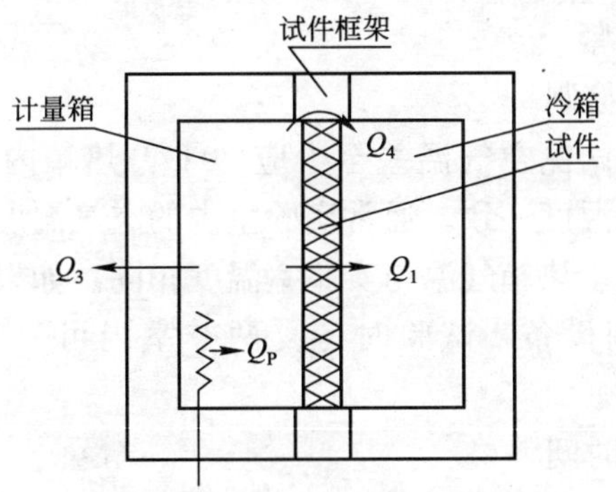

图 2-2　标定热箱构造示意图

标定热箱法计算公式：

$$R=A(T_{si}-T_{se})/Q_1 \tag{2-9}$$

$$Q_1=Q_P-Q_3-Q_4 \tag{2-10}$$

4. 测试方法

(1) 试件安装

把试件安装或砌筑在冷热箱之间的试件架上，试件冷热表面根据用户要求做抹灰层，尤其是不密实有空隙的墙体表面材料需两面抹灰，通常由水泥砂浆抹 10～20mm 厚的粉刷层，试件周边与试件框之间的缝隙用具有一定弹性和强度的半硬性保温材料填塞紧密，再用胶纸密封，等干燥硬化之后布测温点。

(2) 测温点布置

待表面材料凝固并干燥后，用乳胶和水泥混合物或其他胶粘剂将热电偶粘贴在试件的冷热表面上，制作热电偶的铜线及康铜线，其线径小于 0.5mm。热电偶的接点至少 100mm 长的偶丝应沿等温面布置，目的是尽可能使热电偶接点能检测到范围较大的平均温度。

通常在试件冷热表面中央部位有代表性地分别均匀贴若干个测温点。另外，在冷热箱内各设 2 个带防辐射罩的热电偶，用来观察控温状况。在检查每个测点都接通之后，将冷热箱与试件架一起合上并扣紧。

(3) 温度控制

冷热箱内两侧空气温差至少应 20℃，热箱内的空气温度宜与实验室环境温度一致。通常实验室内的空气温度随季节变化而控制。这样便于热箱气温与实验室温度相同。如果条件允许，室内可安装空调设备，试验时冬夏两季室内可一直保持恒定温度值。

(4) 测量时间

测量时间包括瞬变过程及若干个测量周期。瞬变过程的长短和测量周期是由试件状态、控温情况、计量仪表及所要求的精度而定。瞬变过程一直持续到接近达到稳定状态之前，然后进入热稳定状态，密度大、试件厚的建筑构件需要较长时间才能达到稳定状态。

计量期限需要两个至少为 3 小时的测量周期，功率值及温度读数在此测量期内均匀分布，取这几个计量期的功率和温度平均值，然后根据这些平均值算出此计量期内的热阻或传热系数值，并且结果不是单方向变化，则此检验工作就告结束。

5. 计算

(1) 试件冷热表面的平均温度

$$\bar{t}=\frac{\sum_{i=1-m} A_i \cdot t_i}{A} \tag{2-11}$$

式中 A——试件冷表面或热表面的总面积(m^2)；

A_i——试件 i 区域的总面积(m^2)；

t_i——试件 i 区域的温度(K)。

(2) 热导

$$G=\frac{Q}{\Delta t \cdot A} \quad (m^2 \cdot K/W) \tag{2-12}$$

式中 Δt——试件冷热表面的温差(K)；

Q——通过试件的热量(W)；

A——试件面积(m^2)；

(3) 热阻

$$R=\frac{1}{G} \quad (m^2 \cdot K/W) \tag{2-13}$$

(4) 传热阻

$$R_0=R_i+R+R_e \quad (m^2 \cdot K/W) \tag{2-14}$$

式中 R_i——试件内表面换热阻，取 0.11($m^2 \cdot K/W$)；

R_e——试件外表面换热阻，取 0.04($m^2 \cdot K/W$)；

(5) 传热系数

$$K=\frac{1}{R_0} \quad [W/(m^2 \cdot K)] \tag{2-15}$$

第二节 热 脉 冲 法

热脉冲法具有以下特点：

(1) 装置简单，只要购置有关仪表就可以自行组装；

(2) 试验时间短，一次试验 10～20min 左右；

(3) 一次试验中可以同时测出材料的导热系数、导温系数和比热容；

(4) 具有较高的准确度，误差不超过 5%；

(5) 测量范围广，可测定密度为 30～3000kg/m^3、颗粒尺寸为 20mm 左右的干燥和潮湿的块状和粉状的建筑材料和保温材料。

一、基本原理

热脉冲法是以非稳定热流原理为基础，在试验材料中给以短时间的加热，使试验材料的温度发生变化，根据其变化的特点，就可以计算出试验材料的导热系数、导温系数和比热容。

假定有一固体，其尺度较我们所要测定温度的那部分大得多，则此物体可看作无限大。另外，我们只考虑在 x 一个方向存在温度变化，而在 y 和 z 二方向温度没有改变 $\left(\frac{\partial t}{\partial y}=\frac{\partial t}{\partial z}=0\right)$。此时导热微分方程的形式有：

$$\frac{\partial t(x,\ \tau)}{\partial \tau}=a\,\frac{\partial^2 t(x,\ \tau)}{\partial x^2} \tag{2-16}$$

假定初始温度为

$$t(x,\ 0)=t_0=\text{常数} \tag{2-17}$$

当在物体中间($x=0$ 处)作用一个瞬息平面热源，则物体的温度升高为

$$\theta(x,\ \tau)=\frac{q}{c\rho 2\sqrt{\pi a\tau}}\mathrm{e}^{\frac{-x2}{4a\tau}} \tag{2-18}$$

式中 $\theta(x,\ \tau)=t(x,\ \tau)-t_0$；

q——热流强度(W/m^2)；

τ——时间(h)；

$c\rho$——物体的热容量［kJ/(m^3·K)］；

a——物体的导温系数(m^2/h)；

x——离开热源面之距离(m)。

如果物体内加热的时间从 0 至 τ_1，则在这一段加热时间内的任一时刻 τ' 的温度升高为

$$\theta'(x,\ \tau')=\int_0^{\tau'}\frac{q}{c\rho 2\sqrt{\pi a\tau}}e^{\frac{-x^2}{4a\tau}}d\tau$$

$$=\frac{q\sqrt{a\tau'}}{\lambda\sqrt{\pi}}\left[e^{\frac{-x^2}{4a\tau'}}-\sqrt{\pi}\times\frac{x}{2\sqrt{a\tau'}}\text{erfc}\left(\frac{x}{2\sqrt{a\tau'}}\right)\right] \quad (2\text{-}19)$$

令

$$B(y)=e^{\frac{-x^2}{4a\tau'}}-\sqrt{x}\frac{x}{2\sqrt{a\tau'}}\text{erfc}\left(\frac{x}{2\sqrt{a\tau'}}\right)$$

$$=e^{-y^2}-\sqrt{\pi}\cdot y\text{erfc}(y) \quad (2\text{-}20)$$

式中

$$y=\frac{x}{2\sqrt{a\tau'}}$$

$\text{erfc}(y)=\frac{2}{\sqrt{\pi}}\int_y^{\infty}e^{-y^2}dy$——高斯误差补函数。

则式(2-19)可以写成如下形式：

$$\theta'(x,\ \tau')=\frac{q\sqrt{a\tau'}}{\lambda\sqrt{\pi}}B(y) \quad (2\text{-}21)$$

式中

$\lambda=ac\rho$——物体的导热系数［W/(m・k)］。

当加热停止后某一时刻 τ_2，在热源面($x=0$ 处)上的温度升高为

$$\theta_2(0,\ \tau_2)=\int_0^{\tau_2}\frac{q}{c\rho 2\sqrt{\pi a\tau}}d\tau-\int_0^{\tau_2-\tau_1}\frac{q}{c\rho 2\sqrt{\pi a\tau}}d\tau$$

$$=\frac{q\sqrt{a}(\sqrt{\tau_2}-\sqrt{\tau_2-\tau_1})}{\lambda\sqrt{\pi}} \quad (2\text{-}22)$$

由式(2-21)和式(2-22)经过整理得

$$B(y)=\frac{\theta'(x,\ \tau')(\sqrt{\tau_2}-\sqrt{\tau_2-\tau_1})}{\theta_2(0,\ \tau_2)\sqrt{\tau'}} \quad (2\text{-}23)$$

公式(2-23)中的温度 $\theta'(x,\ \tau')$、$\theta_2(0,\ \tau_2)$和时间 τ'、τ_1、

τ_2，均能在试验过程中测量出来，因此，即可算出 $B(y)$值，利用 $B(y)$值查表 2-1 得 y^2值。

因为

$$y^2=\frac{x^2}{4a\tau'}$$

所以

$$a=\frac{x^2}{4\tau' y^2} \tag{2-24}$$

将式(2-22)整理可得

$$\lambda=\frac{q\sqrt{a}\left(\sqrt{\tau_2}-\sqrt{\tau_2-\tau_1}\right)}{\theta_2(0,\ \tau_2)\sqrt{\pi}} \tag{2-25}$$

热脉冲法就是根据此原理建立起来的。

二、试验装置

根据热脉冲法的基本原理，其试验装置(图 2-3)可分为三个主要部分。

第一部分为试件及试件夹具。为了便于放置加热器及测量温度用的热电偶，试件分为三块，中间一块试件比较薄，两边的试件比较厚。试件和试件之间夹以热电偶和加热器。

第二部分为温度测量系统。温度的感应元件用两对直径为 0.1mm 左右的铜-康铜热电偶。测定热电偶温差电势的仪表采用低电阻电位差计和指零用的检流计。

第三部分为加热系统。为了在试验过程中保持电压恒定，让电流首先经过稳压器，然后经过调压器调至所需要的电压，加热电路中接入电压表以读出加热器的两端电压。

此外，为了记录时间需要秒表两块。

三、试验操作程序

(1) 在试验前接好所有的仪表、热电偶、加热器等线路。

(2) 将试件放在夹具内，并按图 2-3 所示放入热电偶及加热器。

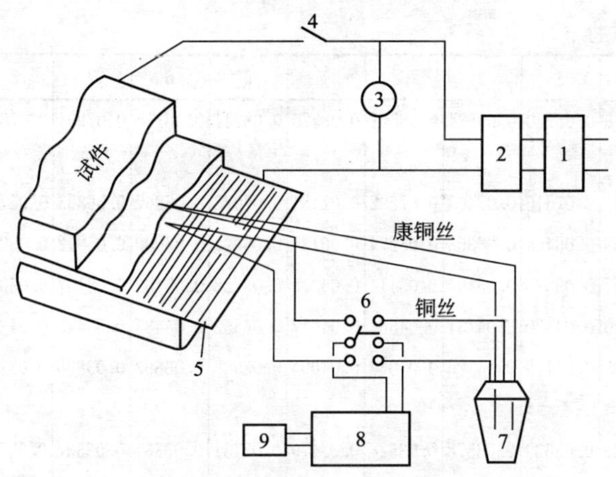

图 2-3　热脉冲法装置示意图

1—稳压电源；2—调压器；3—电压表；4—加热开关；5—加热器；
6—电偶转换开关；7—保温瓶；8—电位差计；9—检流计

(3) 试验必须在试件的初始温度稳定的情况下进行。因此，首先应测量上面和下面的热电偶电动势是否相同，相同时，试验即可进行。

函数 $B(y)$表*　　表 2-1

y^2	0	1	2	3	4	5	6	7	8	9
0.0	0.0000	0.8327	0.7693	0.7229	0.6852	0.6533	0.6253	0.6002	0.5777	0.5570
0.1	0.5379	0.5203	0.5037	0.4881	0.4736	0.4599	0.4469	0.4346	0.4229	0.4117
0.2	0.4010	0.3908	0.3810	0.3716	0.3625	0.3539	0.3455	0.3375	0.3298	0.3223
0.3	0.3151	0.3081	0.3014	0.2948	0.2885	0.2824	0.2764	0.2707	0.2651	0.2596
0.4	0.2543	0.2492	0.2442	0.2394	0.2347	0.2301	0.2256	0.2213	0.2170	0.2129
0.5	0.2089	0.2049	0.2010	0.1973	0.1937	0.1902	0.1867	0.1833	0.1800	0.1767
0.6	0.1735	0.1704	0.1674	0.1645	0.1616	0.1588	0.1561	0.1534	0.1507	0.1481
0.7	0.1456	0.1431	0.1407	0.1383	0.1360	0.1337	0.1315	0.1293	0.1271	0.1250
0.8	0.1230	0.1210	0.1190	0.1170	0.1151	0.1132	0.1114	0.1096	0.1078	0.1061
0.9	0.1044	0.1027	0.1011	0.09949	0.09791	0.09645	0.09491	0.09340	0.09129	0.09048

续表

y^2	0	1	2	3	4	5	6	7	8	9
1.0	0.08908	0.08770	0.08634	0.08501	0.08370	0.08241	0.08115	0.07991	0.07869	0.07749
1.1	0.07631	0.07516	0.07403	0.07292	0.07181	0.07073	0.06967	0.06863	0.06761	0.06660
1.2	0.06562	0.06464	0.06368	0.06274	0.06181	0.06090	0.06000	0.05912	0.05826	0.05741
1.3	0.05657	0.05575	0.05494	0.05414	0.05335	0.05258	0.05182	0.05107	0.05033	0.04961
1.4	0.04890	0.04820	0.04751	0.04684	0.04617	0.04552	0.04487	0.04423	0.04360	0.04298
1.5	0.04238	0.04179	0.04120	0.04062	0.04004	0.03948	0.03893	0.03839	0.03785	0.03732
1.6	0.03680	0.03629	0.03578	0.03528	0.03479	0.03431	0.03384	0.03337	0.03291	0.03246
1.7	0.03201	0.03157	0.03114	0.03072	0.03030	0.02988	0.02947	0.02907	0.02867	0.02828
1.8	0.02790	0.02752	0.02715	0.02678	0.02642	0.02606	0.02570	0.02535	0.02501	0.02468
1.9	0.02435	0.02402	0.02370	0.02338	0.02307	0.02276	0.02246	0.02216	0.02186	0.02157
2.0	0.02128	—	—	—	—	—	—	—	—	—

* 此表来源：$B(y)=e^{-y^2}-\sqrt{x}y\cdot\text{erfc}(y)=\sqrt{\pi}\text{ierfc}(y)$，即 $\text{ierfc}(y)=\dfrac{B(y)}{\sqrt{\pi}}$。

(4) 将切换开关切向上面的热电偶 T_1，移动电位差计的度盘，使度盘刻度值比该热电偶的电势值高出相当于温度 2℃左右，此时光点检流计由于微电流的不平衡引起光点的偏转。然后，接通加热器电路并同时开动秒表。随着加热器不断加热，试件温度升高，光点检流计的光点偏转逐渐减少，最后回到零点。这时，记下光点检流计的光点回到零点的时间为 τ'，而此时电位差计上的读数所表示的温度即为 $\theta'(x, \tau')$。

(5) 记录下电压表上的电压读数。

(6) 切断加热器电路，并记录下加热时间 τ_1。

(7) 将切换开关切向热电偶 T_2。移动电位差计度盘，使度盘的刻度值比该热电偶实际电动势值低某一个值，它相当于使 τ_2 比 τ_1 差 4～6 分钟。随着热源面上的温度下降，检流计的光点的偏转渐渐减小，最后回到零点。这时，记下光点回到零点的时间 τ_2，而此时电位差计上读数所表示的温度即为 $\theta_2(0, \tau_2)$。至此，整个试验结束。

根据测量的结果按式(2-23)、式(2-24)和式(2-25)便可计算导热系数和导温系数。

计算举例：

以光学玻璃为试件，测得如下数据：

q [kJ/(m^2·h)]	$\theta'(x, \tau')$ (℃)	τ' (h)	τ_1 (h)	τ_2 (h)	$\theta_2(0, \tau_2)$ (℃)	x (m)
1628	1.97	0.0850	0.0850	0.1833	4.91	0.0204

将这些数据分别代入式(2-23)、式(2-24)和式(2-25)得

$$B(y)=\frac{1.97\times(\sqrt{0.1833}-\sqrt{0.1833-0.0850})}{4.91\times0.0850}=0.1577$$

由表 2-1 查得：

当 $B(y)=0.1577$ 时，$y^2=0.654$

$$a=\frac{0.0004162}{4\times0.0850\times0.654}=0.001872$$

$$\lambda=\frac{1628\times\sqrt{0.001872}\times(\sqrt{0.1833}-\sqrt{0.1833-0.0850})}{1.772\times4.91}$$

$$=0.928$$

四、试验条件的控制

1. 加热器的要求

加热器应该满足如下的要求：

(1) 加热器的厚度要尽可能薄（不超过 0.4mm)，有弹性，热容量要小［不超过 0.42kJ/(m^2·K)］，在使用过程中要坚固而耐久；

(2) 制作加热器的材料应选电阻温度系数小的材料（如康铜、锰铜等)，使得加热器在温度变化 10～20 ℃时，它的电阻变化实际上很小；

(3) 试验潮湿材料时加热器不吸收湿气；

(4) 接通电源时加热器应该使整个面积均匀地发热，而且对

于试件来说是对称的；

(5) 加热器的尺寸应与试件的尺寸相适应。

2. 热电偶和测试仪表的选择

热电偶的冷结点可以放置在盛有水的保温瓶中，因为在温度比较稳定的实验室里，保温瓶中水的温度在试验的短时间内是不会发生变化的。

为了将测得的热电偶“冷”、“热”结点之间产生的温差电势换成温度，必须预先校正热电偶的温差电势与温度的换算系数，作成温差电势与温度的换算表。此校正工作可请计量单位帮助校正。

对于温度测定，铜-康铜热电偶的“冷”、“热”结点温差为1℃时，所产生的温差电势约0.04mV。要使温度读数的精确度为0.01℃以上，就要求电位差计的最小读数小于0.0004mV，指零检流计的电流常数小于10^{-8}安培/格，内阻小于50欧姆。

3. 试件尺寸的确定和制作要求

试件的制作不可能像理论上假定的那样作成无限厚，但是，只要对试件的尺寸按一定的比例制作并合理控制试验时间，使加热器发出的热量尚未传到试件的边界面，试验就已结束，这就满足了理论上的要求，一般要求试件的长和宽为薄试件厚度的8～10倍，厚试件的厚度为薄试件的3倍以上。我们实际制作的每组试件的尺寸为：

薄试件一块　200×200×20(mm)；

厚试件二块　200×200×60(mm)。

厚试件和薄试件必须是同一种材料，一次成型。试件相互接触的表面要求制作得平整，接合紧密，这样可以避免形成缝隙而受空气的影响，造成测试结果的误差。

特别要注意的是薄试块的制作，它的厚度要处处均匀。因为从式(2-24)中可看出，薄试块的厚度的平方与导温系数成正比。如果制作得不平整，在测量上就会带来困难，由此也会增加导温系数和导热系数的误差。

试块厚度要用游标卡尺来度量，读数要读到小数点后面四位

(以米为单位)。

4. 试验时间的控制

热脉冲法是以无限厚物体导热方程的解为基础的，但由于我们实际制作的试件是有限厚的，因此要满足无限厚物体导热方程解的要求，则试验时间(即时间 τ_2)必须限制热源面所发出的热流尚未传至试块(厚的那一块)顶面之前，否则就要受到顶面外界条件的影响而破坏原始的假定。当然在实践中与理论上的假定是有一定出入的，若这误差相当小时，就可以认为已满足理论上的假定。

试验时间的控制与试块厚度、导温系数、导热系数有关。将公式(2-19)整理后可写成如下形式：

$$\theta(x,\ \tau)=\frac{q\ \sqrt{a\tau}}{\lambda}\mathrm{ierfc}\left(\frac{x}{2\ \sqrt{a\tau}}\right) \tag{2-26}$$

由(2-26)式得

$$\frac{1}{K}=\sqrt{F_{\circ}}\mathrm{ierfc}\left(\frac{1}{2\sqrt{F_{\circ}}}\right) \tag{2-27}$$

式中 $F_{\circ}=\frac{a\tau}{x^2}$——傅立叶准数；

$\mathrm{ierfc}\left(\frac{x}{2\ \sqrt{a\tau}}\right)$——高斯误差补函数一次积分；

$$\mathrm{ierfc}\left(\frac{x}{2\ \sqrt{a\tau}}\right)=\frac{1}{\sqrt{\pi}}\mathrm{e}^{\frac{-x^2}{4a\tau}}-\frac{x}{2\ \sqrt{a\tau}}\mathrm{erfc}\times\left(\frac{x}{2\ \sqrt{a\tau}}\right)$$

$$K=\frac{q}{\lambda\theta(x,\ \tau)}$$

K 表示试件内热源面发出的热流密度 q 在 τ 时刻引起距离热源面为 x 处的温度变化的特征值。在厚试件的顶面($x=d$)处，当 K 值很大时，说明温度升高 $\theta(d,\ \tau)$很小，因此，可以利用 K 值来控制试验时间。

根据试验的实际情况取 $K=1000$ 时，已能满足试件无限厚的要求。当 $K=1000$ 时，由公式(2-27)求得 $F_o=0.0842$。由于试件厚度 d 可直接量出，因此，只要对试件的导温系数 a 事先估计一下，试验控制时间就可确定：

$$\tau_{控}=\frac{0.0842d^2}{a} \tag{2-28}$$

只要试验时间 $\tau_2<\tau_{控}$，试验就能满足要求。

以石膏为例，假定石膏的导温系数 $a=0.001\text{m}^2/\text{h}$，试件厚度 $d=0.06\text{m}$，取 $K=1000$ 时，$F_o=0.0842$，则

$$\tau_{控}=\frac{0.0842\times0.06^2}{0.001}=0.303\text{h}(约\ 18\text{min})。$$

对于一般建筑材料来说，试验时间 10min 左右是不会超过控制时间的，仅对少数过重或过轻的材料要事先计算一下控制时间。

5. 试验室的恒温要求

导热公式的推导中，我们假定试件的初始温度是恒定不变的，因此，要求试验室内的气温波动尽量减小，以免试件内部初始温度不均匀而影响测定结果。

五、误差估计

热脉冲法根据目前采用的装置，在测定导热系数和导温系数时，能引起误差的主要因素是试件尺寸的有限性、加热器的蓄热性和测量仪表的精度。

(1) 试件的有限尺寸所引起的误差。只要按前面已经谈到的将试件按一定的比例制作和控制试验时间，此项误差可忽略。

(2) 加热器的蓄热性所引起的误差。只要加热器的热容量不超过 0.42kJ/($\text{m}^2\cdot\text{K}$)，厚度不超过 0.4mm，其产生的误差偏低不超过 1%，可忽略不计。

(3) 测量仪表的精度所引起的误差。根据我们现采用的仪表和量具的精度，经过误差分析，用这套设备测定导热系数和导温系数时，其精确度在 5%以内。

表 2-2 是用热脉冲法测定的 6 种材料的数据。

六种材料的 λ 和 a 的测定数据表　　表 2-2

材料	光学玻璃		石灰岩		加气混凝土		干砂		珍珠岩		水泥珍珠岩	
密度	2542(kg/m³)		2723(kg/m³)		570(kg/m³)		1525(kg/m³)		62(kg/m³)		815(kg/m³)	
次数＼系数	λ	$a\times10^3$	λ	$a\times10^3$	λ	$a\times10^3$	λ	$a\times10^3$	λ	$a\times10^3$	λ	$a\times10^3$
1	0.914	1.85	2.126	3.58	0.137	0.892	0.245	0.680	0.043	2.24	0.207	0.927
2	0.923	1.84	2.092	3.51	0.136	0.862	0.246	0.681	0.044	2.29	0.201	0.904
3	0.908	1.83	2.092	3.61	0.134	0.866	0.246	0.674	0.042	2.44	0.210	0.949
4	0.905	1.85	2.150	3.50	0.149	0.911	0.242	0.667	0.043	2.45	0.209	0.917
5	0.925	1.91	2.068	3.38	0.137	0.909	0.242	0.672	0.045	2.56	0.201	0.899
6	0.908	1.85	2.219	3.52	0.141	0.925	0.239	0.666	0.043	2.41	0.202	0.922
7	0.906	1.85	2.208	3.72	0.139	0.912	0.241	0.672	0.043	2.39	0.210	0.931
8	0.921	1.88	2.115	3.49	0.141	0.888	0.242	0.671	0.044	2.47	0.205	0.876
9	0.902	1.85	2.068	3.47	0.136	0.909	0.248	0.693	0.042	2.36	0.206	0.918
10	0.927	1.87	2.196	3.53	0.142	0.933	0.251	0.697	0.043	2.46	0.199	0.845
11	0.924	1.90	2.103	3.46	0.137	0.842	0.243	0.685	0.041	2.34	0.202	0.874
12	0.923	1.84	2.173	3.53	0.138	0.901	0.244	0.688	0.042	2.30	0.203	0.905
平均值	0.916	1.86	2.138	3.53	0.139	0.896	0.244	0.679	0.043	2.39	0.205	0.906
平均误差	0.0072	0.020	0.040	0.058	0.0025	0.022	0.0023	0.0085	0.0007	0.073	0.0028	0.022
相对误差	0.9%	1.1%	2.2%	1.6%	2.1%	2.4%	1.2%	1.3%	1.9%	3.1%	1.5%	2.4%

第三节　线热源法

线热源法适用于测定粉末材料，小颗粒状材料，短纤维状材料的导热系数。线热源法的特点是:

(1) 测量时间短，约 12min;

(2) 不需要测量试样的尺寸，试样放入容器内即可;

(3) 操作简单;

(4) 精确度为±3%。

一、基本原理

在试验材料中间，安置一根细长的金属加热丝，当加热丝两端接通电流后，就会发出热量，使加热丝温度升高。加热丝温度升高得快慢，与试验材料的导热系数有关。如果试验材料的导热系数小，即材料的绝热性能好，向外传递较慢，那么加热丝的温度升得又高又快；相反，试验材料的导热系数大，向外传递较快，则加热丝的温度升得既小又慢(图 2-4)。线热源法就是根据这种原理研制成的。

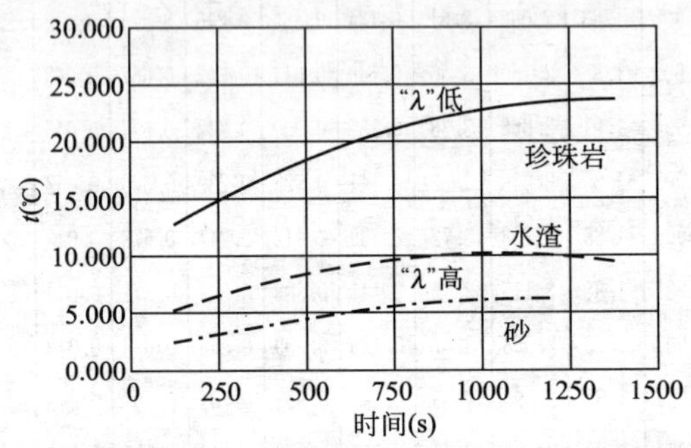

图 2-4　温升与 λ 值的关系

试验材料的导热系数与加热丝的温升关系可以通过求解无限长圆柱体的导热微分方程式很严格地表示出来。我们知道，圆柱体的导热微分方程为

$$\frac{\partial t(r,\ \tau)}{\partial \tau}=a\left[\frac{\partial^2 t(r,\ \tau)}{\partial r^2}+\frac{1}{r}\frac{\partial t(r,\ \tau)}{\partial r}\right] \tag{2-29}$$

它的解为

$$t(r,\ \tau)=\frac{q}{4\pi\lambda\tau}\mathrm{e}^{-\frac{r^2}{4a\tau}} \tag{2-30}$$

式(2-30)表示一根细长的加热丝在试件内，当时间 $\tau=0$ 时，突然接通一下电流，加热丝发出的这一瞬息热源密度 q，在试件内引起沿径向的温度分布情况。

如果加热丝接通电源后一直连续恒定加热到某一时刻 τ，这时试件内的温度分布，就是对式(2-31)由 0 到 τ 的积分

$$t(r,\ \tau)=\frac{q}{4\pi\lambda}\int_0^\tau \frac{1}{\tau}\mathrm{e}^{-\frac{r^2}{4a\tau}}\mathrm{d}\tau \tag{2-31}$$

令 $$y=r\cdot n,\ n=\frac{1}{2\sqrt{a\tau}}$$

则式(2-31)可写成

$$t(r,\ \tau)=\frac{q}{2\pi\lambda}\int_{r\cdot n}^{\infty}\frac{1}{y}\mathrm{e}^{-y^2}\mathrm{d}y \tag{2-32}$$

式中

$$\int_{r\cdot n}^{\infty}\frac{1}{y}\mathrm{e}^{-y^2}\mathrm{d}y=-\frac{1}{2}\left[C+\frac{\ln(r\cdot n)}{1-\frac{(r\cdot n)^2}{1\cdot 1!}+\frac{(r\cdot n)^4}{2\cdot 2!}-\frac{(r\cdot n)^6}{3\cdot 3!}+\cdots\cdots}\right]$$

当 $r\cdot n$ 足够小时，方括号中的平方以上各项可以忽略，这时式(2-32)可以写成

$$t(r,\ \tau)=\frac{q}{2\pi\lambda}\left[-\frac{1}{2}C-\ln|r\cdot n|\right] \tag{2-33}$$

式中，$C=0.57726$，称为欧拉常数。

如果在加热过程中任意确定两个不同时间的温度为 $t(r,\ \tau_1)$ 和 $t(r,\ \tau_2)$，并求出它们之差

$$\Delta t=t(r,\ \tau_2)-t(r,\ \tau_1)=\frac{q}{2\pi\lambda}\ln\left(\frac{n_1}{n_2}\right)=\frac{q}{4\pi\lambda}\ln\left(\frac{\tau_2}{\tau_1}\right) \tag{2-34}$$

经过整理，试件的导热系数(λ)可由下式计算：

$$\lambda=\frac{q}{4\pi\Delta t}\ln\left(\frac{\tau_2}{\tau_1}\right) \tag{2-35}$$

式中，q 为加热丝单位长度、单位时间所发出的热量［W/(m·k)］。

$$q=\frac{0.86I^2\cdot R}{l}=\frac{0.86V^2}{l\cdot R}$$

式中　l——加热丝长度(m)；

R、I、V——分别为加热丝的电阻(Ω)、通过加热丝的电流(A)和两端的电压(V)。

二、操作步骤

(1) 测定试验材料的初始温度 t_0。

(2) 接通电源，调节所需要的电压，并记录下来。

(3) 接通加热丝，每隔一分钟测定热电偶的温差电势，试验进行 12 分钟即可结束。

(4) 试验数据的整理：

由于加热丝本身半径不等于零，热电偶与加热丝之间又有一定的距离，因此，在开始测定的几分钟内温度与时间的关系在半对数坐标纸上不是线性关系，只有当$\frac{4a\tau}{r^2}>100$时，才能变成线性关系。

对式(2-30)进行微分可写成

$$\frac{\partial t(r,\ \tau)}{\partial \tau}=\frac{q}{4\pi\lambda\tau}\mathrm{e}^{-\frac{r^2}{4a\tau}}$$

亦可写成

$$\frac{\partial t(r,\ \tau)}{\partial \ln\tau}=\frac{q}{4\pi\lambda}\mathrm{e}^{-\frac{r^2}{4a\tau}}$$

当$\frac{4a\tau}{r^2}>100$时，$\mathrm{e}^{-\frac{r^2}{4a\tau}}\approx 1$

所以$\frac{\partial t(r,\ \tau)}{\partial \ln\tau}=\frac{q}{4\pi\lambda}=$常数

对于一般材料来说，加热丝接通电源 4～5min 后温度与时间的变化就可达到线性状态，因此，我们真正需要的是从 5～12min 的数据。

测量后把数据标在半对数坐标纸上，根据线性段的斜率，代到公式(2-35)中就可算出导热系数值。

三、误差估计

线热源法的误差估计可作如下分析：

(1) 由于加热丝的有限长度所引起的误差。当长度与直径之比大于或等于 100 时，可以忽略。我们采用的加热丝长度 $l=300$mm，直径 $\varphi=0.23$mm，$\frac{l}{\varphi}$远远大于 100，故误差可忽略不计。

(2) 测量仪表的精度所引起的误差。根据我们所采用的仪表

精度，经过误差分析，测定的导热系数，其误差在3%以内。

表2-3是用线热源法测定的5种材料的数据。

五种材料的导热系数测定数据表 **表2-3**

材料/密度/次数	砂	珍珠岩	水泥	木屑	膨胀矿渣珠
密度	1498 (kg/m^3)	45 (kg/m^3)	1156 (kg/m^3)	132 (kg/m^3)	1322 (kg/m^3)
1	0.257	0.0434	0.130	0.0657	0.220
2	0.256	0.0447	0.134	0.0675	0.209
3	0.248	0.0442	0.133	0.0662	0.220
4	0.261	0.0445	0.134	0.0673	0.220
5	0.270	0.0444	0.133	0.0680	0.208
平均值	0.258	0.0444	0.133	0.0668	0.215
平均误差	0.006	0.00041	0.0009	0.00084	0.0053
相对误差(%)	2.3	0.9	0.7	1.3	2.5

第四节　湿度的培养

为了测定不同湿度下材料的热物理性能，首先需将试验的试件培养成不同的含湿量。本书中给出的含湿材料热物理性能，是按以下两种方法进行湿度培养的，部分导热系数和导温系数是采用热脉冲法(非稳定热流方法)测定的。

1. 解吸法。将潮湿的试件进行解吸(自然风干或强迫减湿)，使试件的湿度逐渐减少，以便控制试件的各种不同的含湿量。

2. 加湿法。这种方法又可分为以下几种：

(1) 在恒温恒湿状况下进行培养；

(2) 用水雾(雾化水)淋洒；

(3) 浸在室温水中；

(4) 浸在比室温高的热水中。

方法(1)、(2)适用于材料不宜浸入水中的试件，如玻璃棉、矿棉及强度较低的多孔材料。对于具有一定强度的块状材料采用方法(1)、(2)加湿试件，在短时间内达不到要求的湿度时，则采用方法(3)较适合。方法(4)用于试件浸在室温水内短时间达不到所要求的吸湿量的情况，如软木等。

为了保证湿度的稳定，通过上述两种办法培养的湿试件，要求放入密闭容器中稳定 2～3 日后再进行试验。

在对轻骨料混凝土热物理性能的试验研究中，我们对加湿法进行了较详细的研究。首先，研究试件内湿度分布状况，在室温条件下，将 200×200mm 的试件总含湿量控制三天而不变时，我们沿试件厚度破型取样测定湿度值，其结果列入表 2-4 中。

不同厚度各种试件湿度分布状况 **表 2-4**

材料名称	密度 ρ(kg/m³)	试件厚度 d(m)	试件中心取样 ω_2(%)		试件边沿取样 ω_2(%)	
			分层值	平均值		
大颗粒珍珠岩混凝土	894	0.0246	5.30* 5.48	5.39	4.87 5.33	5.10
珍珠岩陶粒混凝土	1083	0.0267	4.85 4.91	4.88	4.40 5.14	4.77
页岩陶粒混凝土	1049	0.0757	5.82 4.63 5.58	5.34	4.82 5.53 5.90	5.42
粉煤灰陶粒混凝土	1468	0.0757	4.72 3.04 4.60	4.12	—	
黏土陶粒混凝土	1661	0.0773	4.84 3.16 4.77	4.26	4.23 3.33 4.00	3.85

* 线上的数据为试件上半部的湿度；线中的数据为试件中部的湿度；线下的数据为试件下半部的湿度。

从表 2-4 中可看出，薄试件上下两面的湿度分布比较均匀；厚试件分三层取样，相互间湿度差也在 1%左右。

其次，我们选择了一些不同密度、不同骨料的混凝土。对每组混凝土分别采用解吸过程和加湿过程来控制湿度，得到了湿度与材料热物理系数的关系(图 2-5)。

图 2-5 表明：控制湿度的方法虽然不同，但测定结果基本一致，其最大差别不超过 4%。

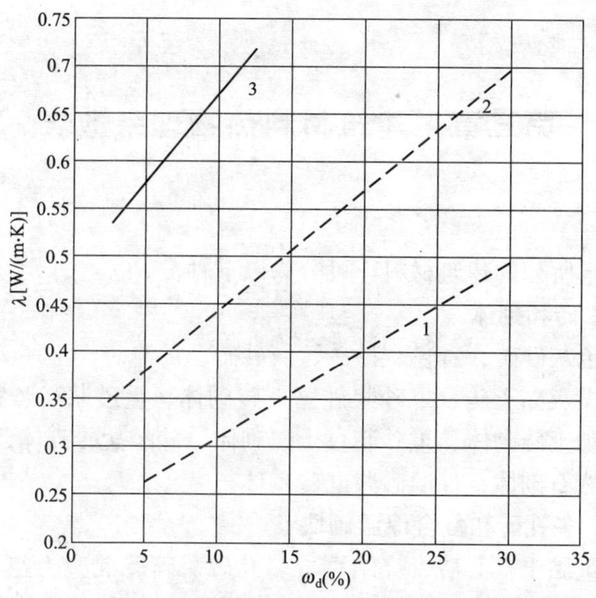

图 2-5　不同湿度控制方法所得的测定结果

1—大颗粒珍珠岩混凝土；2、3—粉煤灰陶粒混凝土

最后，控制试件的总含湿量不变，并在不同时间测定其热物理系数，以检验湿度稳定时间的长短，对热物理系数的影响。以内蒙珍珠岩陶粒珍珠砂混凝土为例：干密度为 1031kg/m^3，重量含水率为 5.95％，其湿度随时间的变化及测量结果列入表 2-5。

试件湿度随时间变化及其测定结果　　表 2-5

湿度控制时间（天）	重量含水率（%）	导热系数［W/(m・K)］	导温系数（m^2/h）	比热容［kJ/(kg・K)］
4	5.95	0.370	0.00128	0.953
30	5.72	0.364	0.00128	0.936
85	5.70	0.372	0.00135	0.907
120	5.63	0.368	0.00128	0.907

从表 2-5 可以看出，不同时间测定的结果基本不变。因此，我们认为利用加湿法控制试件的湿度是完全可靠的。

第三章　建筑材料热物理系数表

本章所列的建筑材料，可分为以下种类。

一、砖和砌体

黄色灰砂砖、青色灰砂砖、灰砂砖、炉渣砖、土坯砖、矿渣砖、粉煤灰黏土砖、重砂浆硅藻土砖砌体、重砂浆矿渣砖砌体、轻砂浆黏土砖砌体、重砂浆黏土砖砌体、硅酸盐砖砌体、毛石砌体、天然石砌体、保温砂浆红砖砌体。

二、多孔砖和复合保温砌块

承重黏土空心砖、烧结页岩多孔砖、碎砖混凝土空心砌块、焦炉渣多孔空心砌块、矿渣混凝土多孔空心砌块、火山渣混凝土多孔空心砌块、浮石混凝土空心砌块、普通混凝土空心砌块、加气混凝土砌块、粉煤灰混凝土空心砌块、煤矸石混凝土空心砌块及保温承重装饰混凝土空心砌块。

三、混凝土类

1. 多孔混凝土(加气混凝土、泡沫混凝土、加气或泡沫硅酸盐)

泡沫混凝土、玻璃棉泡沫混凝土、聚苯乙烯泡沫混凝土、锯末泡沫混凝土、加气混凝土、粉煤灰加气混凝土、耐热混凝土。

2. 轻骨料混凝土及硅酸盐

大颗粒珍珠岩混凝土、珍珠岩陶粒混凝土、碱土陶粒混凝土、黏土陶粒混凝土、页岩陶粒混凝土、粉煤灰陶粒混凝土、浮石混凝土、火山渣混凝土、自然煤矸石混凝土、矿渣炉渣混凝土、炉渣混凝土、矿渣混凝土、碎砖混凝土、膨珠陶粒混凝土、膨珠混凝土、膨珠无砂小孔混凝土、膨珠渣棉混凝土、膨渣混凝土、焦渣混凝土。

3. 普通混凝土

碎石混凝土、钢筋混凝土。

四、保温复合板

保温复合板通常有金属面聚苯乙烯夹芯板、金属面硬质聚氨酯夹芯板、岩棉夹芯板、外墙保温装饰复合板、轻型保温装饰一体化板、节能幕墙板、木结构墙板、增强石膏保温板、组合式金属面板等。

五、保温材料

泡沫塑料(聚苯板、挤塑聚苯板、聚氨酯、酚醛、橡塑海绵);保温浆料(胶粉聚苯颗粒、玻化微珠、复合硅酸盐);发泡水泥;泡沫玻璃;矿物棉制品;蛭石及其制品(蛭石粉料、蛭石沥青、蛭石水泥、蛭石白灰、蛭石水泥白灰、蛭石水玻璃、乳化沥青蛭石);珍珠岩及其制品(珍珠岩粉料、水泥珍珠岩制品、沥青珍珠岩制品、水玻璃珍珠岩制品);松散材料(粉煤灰、陶粒、水渣、炉渣、矿渣粉、膨珠、滑石粉、混凝土烧结矿)。

六、玻璃制品

泡沫玻璃、有机玻璃、玻璃钢、平板玻璃、玻璃砖、光学玻璃、石英玻璃、LOW-E 中空玻璃、真空玻璃、夹层玻璃等。

七、砂浆

保温砂浆、石膏抹灰、石灰矿渣抹灰、水泥矿渣砂浆、黏土矿渣抹灰、石灰石膏灰浆、石灰砂浆、混合砂浆、水泥砂浆。

八、砂、土壤、岩石

石英砂、干砂、细砂标准砂、河砂、草炭亚黏土、亚黏土、碎石亚黏土、黄土、填土、菱苦土、矽灰土、砂土、砾砂、黏土、黏土夹砂、砂礓黏土、砂质岩、石灰岩、流纹凝灰岩、黄砂页岩、大理石、花岗岩、玄武岩、沙岩。

九、石膏制品

泡沫石膏、石膏锯木、石膏板、石膏稻草、石膏麦草、石膏炉渣混凝土。

十、石灰及制品

白土子灰、轻钙灰、标底灰、1号灰、2号灰、3号灰、4号灰、水玻璃石灰、泡沫石灰、炭化泡沫石灰、炭化石灰、炉渣石灰。

十一、木材及其制品

红松、臭冷松、椴木、拟赤杨、榆木、檫木、马尾松、松和云杉、楮木、水曲柳，白桦、落叶松、木荷、枫香、柞木、色木、橡树、木屑、刨花、木纤维板、水泥刨花板、纤脲蜂窝板、纤脲蜂窝板填珍珠岩、纤脲草盒板、无规物刨花、无规物刨花锯末、无规物锯末、木屑矽藻土保温砖、胶合板、软木屑、软木。

十二、金属

铝、青铜、黄铜、红铜、铸铁、铁、金、银、铅、建筑钢、低碳钢、锌铁。

十三、农副产品

棉花、棉籽、麦壳、无规物麦秆、无规物麦壳、青稞、向日葵壳、葵花板、梁山牛毛草、碎枯草大麦秸、花生壳、麻黄渣、麻黄草、沥青稻壳、稻草板、菱苦土谷糠、海带草。

十四、其他

空气、水、冰、雪、废纸屑、厚纸板、油毛毡、呢绒、橡胶板、电木、铸石、石蜡、乳胶阻尼浆、涂脂织物、凡士林油、泡沫氧化铝、压缩胶布、山羊皮。

上述各种建筑材料的热物理系数，绝大多数是我们自行测定的。少部分引自国内兄弟单位和国外的数据。

第一节　常用建材热物理性能散点图

图3-1～图3-12所示各种建筑材料的热物理性能散点图，是来自于不同生产厂家提供的建筑材料实测数据，尽管其材料组成有所不同，但基本上能反映出同一类材料的热物理性能规律。

同时从图中也可以看出，无机类建筑材料的导热系数随着密度的增大而增大，导热系数与密度之间存在线性关系，而有机类材料的导热系数与密度之间则无明显的相关性。

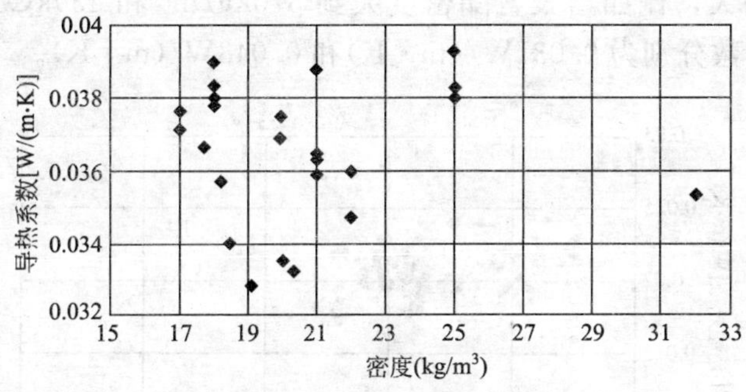

图 3-1 聚苯板

根据图 3-1 聚苯板的散点图可以看出，聚苯板的常见密度在 18～22kg/m³，导热系数在 0.032～0.040W/(m·K)之间，一般情况下，当密度不低于 15kg/m³时，导热系数和密度之间无明显的相关性。

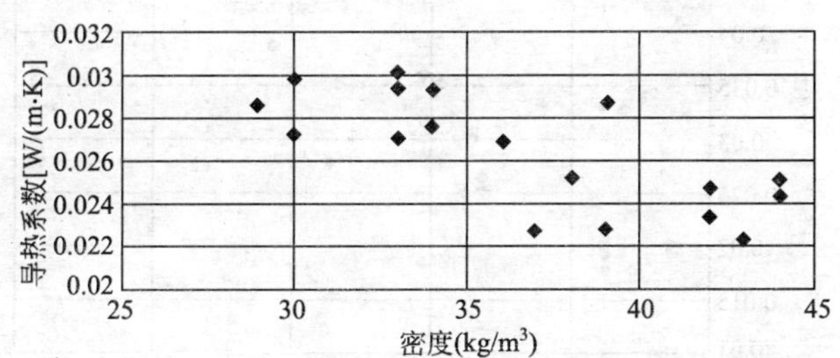

图 3-2 挤塑聚苯板

根据图 3-2 挤塑聚苯板的散点图可以看出，挤塑聚苯板的常见密度在 29～45kg/m³，导热系数约为 0.022～0.030W/(m·K)。当挤塑聚苯板密度小于 35kg/m³ 时，导热系数基本在 0.026～0.030 之间；当挤塑聚苯板密度为 35～45kg/m³ 时，导热系数基本在 0.022～0.026 之间。

从图 3-3 聚氨酯的散点图中可以看出，聚氨酯的密度在20～80kg/m³ 时，导热系数为 0.018～0.024W/(m·K)之间，导热系数与密度之间无太大关性。然而当密度大到一定程度时导热系数会增大，比如当聚氨酯密度大到 370kg/m³ 和 430kg/m³ 时，导热系数分别为 0.037W/(m·K)和 0.043W/(m·K)。

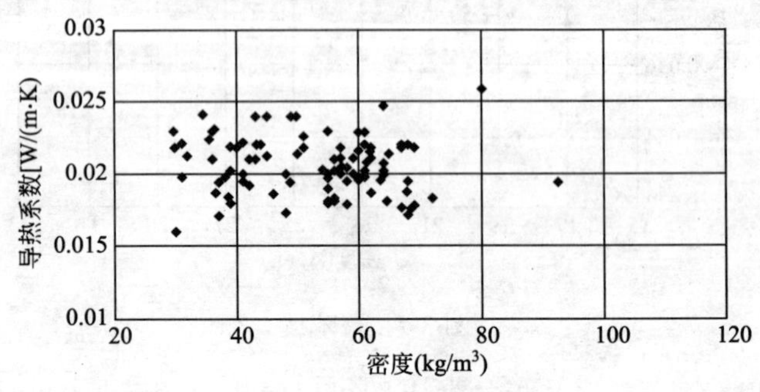

图 3-3　聚氨酯

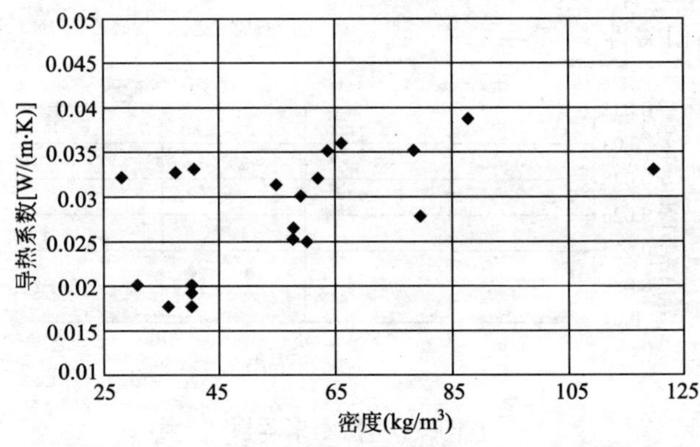

图 3-4　酚醛

根据图 3-4 酚醛的散点图可以看出，酚醛的密度在 25～85kg/m³ 时，导热系数约为 0.018～0.040W/(m·K)，导热系数与密度之间无直接相关性。

根据图 3-5 发泡水泥的散点图可以看出，发泡水泥导热系数随着密度的增大而增大，导热系数与密度之间存在线性相关性。

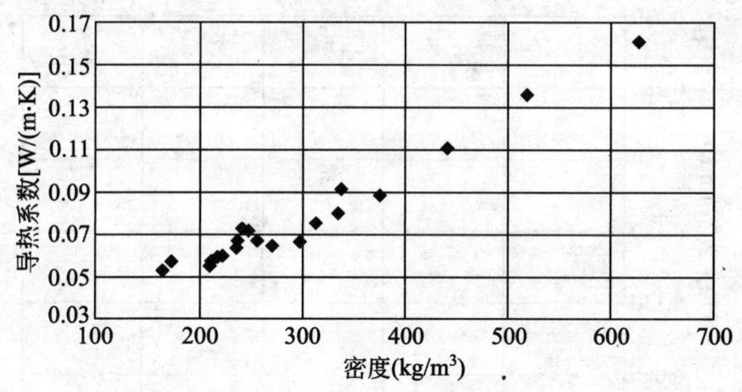

图 3-5　发泡水泥

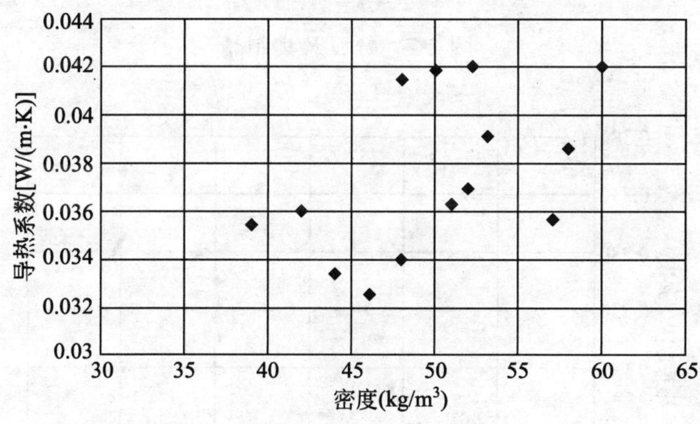

图 3-6　橡塑海绵

根据图 3-6 橡塑海绵的散点图可以看出，橡塑海绵的密度在 40～60kg/m^3 之间，导热系数在 0.032～0.042W/(m·K)。橡塑海绵的导热系数随着密度的增大而增大，导热系数与密度之间存在线性关系。

根据图 3-7 蛭石及其制品的散点图可以看出，蛭石及其制品的密度在 100～600kg/m^3 之间，导热系数在 0.06～0.17W/(m·K)。蛭石及其制品的导热系数随着密度的增大而增大，导热系数与密度之间存在线性相关性。

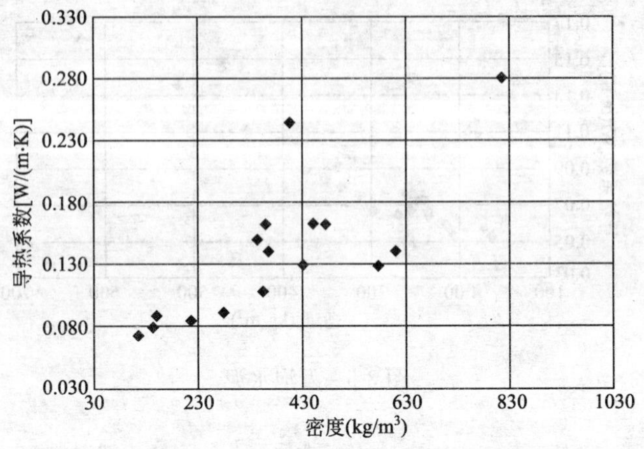

图 3-7　蛭石及其制品

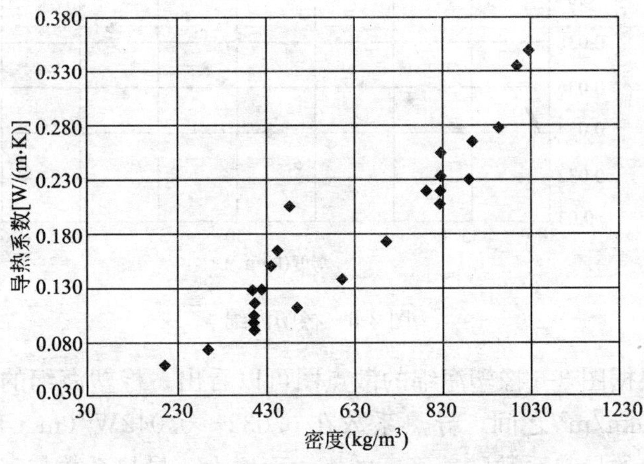

图 3-8　水泥珍珠岩

根据图 3-8 水泥珍珠岩的散点图可以看出，水泥珍珠岩的密度在 200～1000kg/m³ 之间，导热系数在 0.05～0.35W/(m·K)。水泥珍珠岩的导热系数随着密度的增大而增大，导热系数与密度之间存在线性相关性。

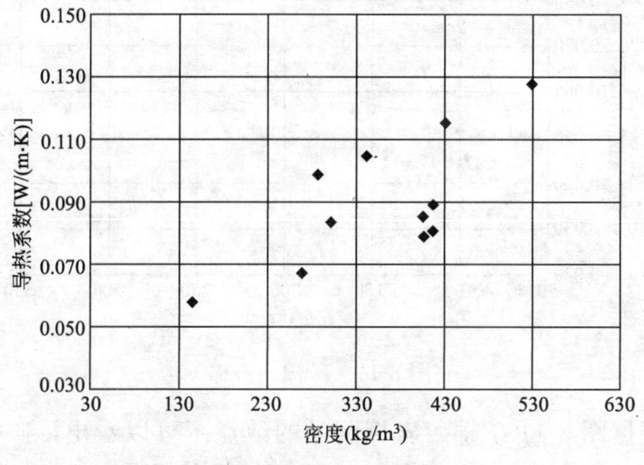

图 3-9　沥青珍珠岩

根据图 3-9 沥青珍珠岩的散点图可以已看出，沥青珍珠岩的密度在 150～550kg/m³ 之间，导热系数在 0.06～0.13W/(m·K)。沥青珍珠岩的导热系数随着密度的增大而增大，导热系数与密度之间存在线性相关性。

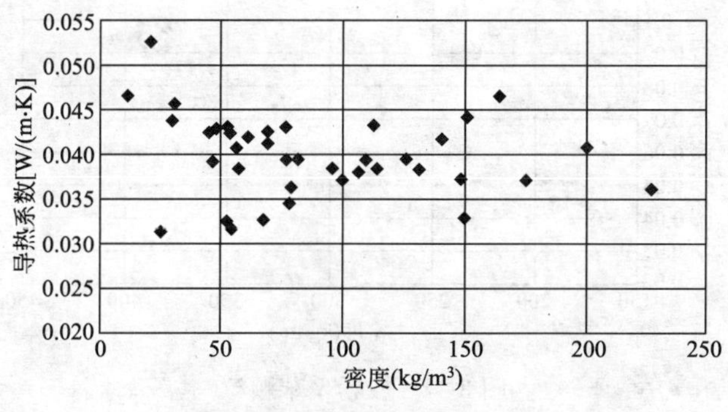

图 3-10　玻璃棉

根据图 3-10 玻璃棉的散点图可以看出，玻璃棉的密度在10～230kg/m³ 之间，导热系数基本在 0.030～0.450W/(m·K)。玻璃棉存在着一个导热系数最小的最佳密度。

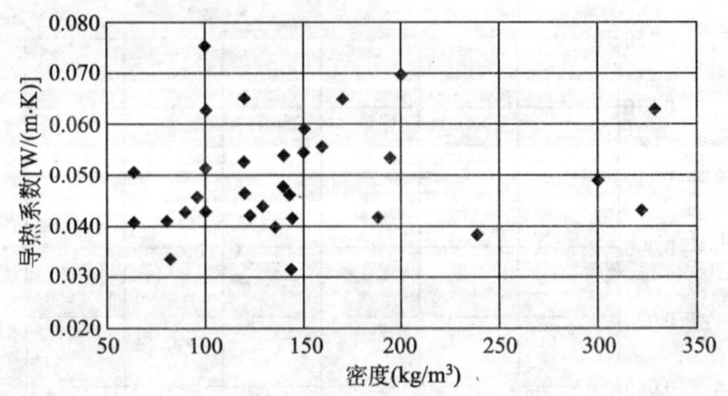

图 3-11 矿棉、岩棉

根据图 3-11 矿棉、岩棉制品的散点图可以看出，矿棉、岩棉制品的密度在 50～350kg/m^3 之间，导热系数基本在 0.040～0.060W/(m·K)。矿棉制品的导热系数与密度之间不存在线性相关性。

注：本散点图主要数据以矿棉为主，岩棉制品存在着一个导热系数最小的最佳密度，约在 80～100kg/m^3 之间。

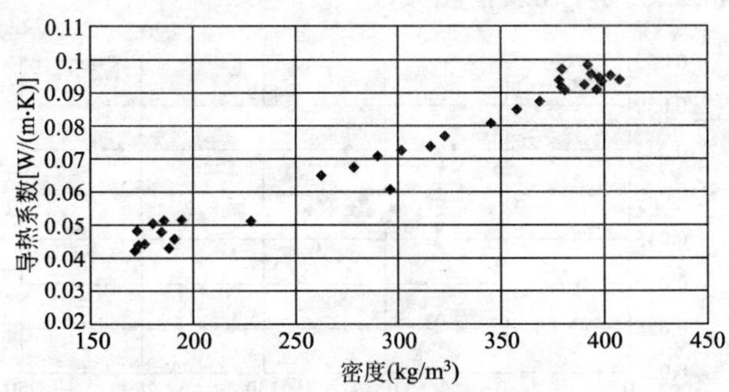

图 3-12 胶粉聚苯颗粒

根据图 3-12 胶粉聚苯颗粒的散点图可以看出，其密度在150～400g/m^3 之间，导热系数基本在 0.040～0.100W/(m·K)。胶粉聚苯颗粒的导热系数随着密度的增大而增大，导热系数与密度之间存在线性相关性。

第二节　建筑材料热物理系数表(表3-1)

建筑材料热物理系数表　　**表3-1**

类别	样品名称(编号)	密度 ρ (kg/m^3)	导热系数 λ [$W/(m\cdot K)$]	蓄热系数 S_{24} [$W/(m^2\cdot K)$]	导温系数 $a\times10^3$ (m^2/h)	比热容 c [$kJ/(kg\cdot ℃)$]	重量含水率 ω_z(%)	测试条件
砖和砌体	黄色灰砂砖	814	0.430	4.52	2.35	0.84	—	常温
	青色灰砂砖	1621	0.616	9.00	1.22	1.09	—	常温
	灰砂砖	1744	0.686	—	—	—	—	常温
	灰砂砖	1833	0.720	—	—	—	—	常温
	灰砂砖	1888	0.790	—	—	—	—	常温
	炉渣砖	1337	0.546	—	—	—	—	常温
	土坯砖	1550	0.581	—	—	—	—	常温
	矿渣砖	1679	0.476	—	—	—	—	常温
	矿渣砖	1747	0.535	—	—	—	—	常温
	矿渣砖	1885	0.639	—	—	—	—	常温
	矿渣砖	1980	0.720	—	—	—	—	常温
	粉煤灰黏土砖	1654	0.523	—	1.54	0.75		常温
	重砂浆硅藻土砖(γ=1000)砌体	1200	0.523	6.33	1.79	0.88	—	常温

续表

类别	样品名称(编号)	密度 ρ (kg/m^3)	导热系数 λ [$W/(m\cdot K)$]	蓄热系数 S_{24} [$W/(m^2\cdot K)$]	导温系数 $a\times10^3$ (m^2/h)	比热容 c [$kJ/(kg\cdot ℃)$]	重量含水率 ω_z(%)	测试条件
砖和砌体	重砂浆矿渣砖(γ=1400)砌体	1500	0.697	8.13	1.90	0.88	—	常温
	轻砂浆黏土砖(γ=1400)砌体	1700	0.755	9.00	1.82	0.88	—	常温
	重砂浆黏土砖砌体	1800	0.813	9.64	1.85	0.88	—	常温
	硅酸盐砖砌体	1700	0.755	8.58	2.01	0.79	—	常温
	硅酸盐砖砌体	1900	0.872	10.00	1.97	0.84	—	常温
	毛石砌体	2000	1.278	12.52	2.61	0.88	—	常温
	天然石砌体	2680	3.196	23.86	4.66	0.92	—	常温
	保温砂浆红砖砌体	1600	0.674	—	1.81	0.84	—	常温
混凝土类	泡沫混凝土	232	0.077	1.07	1.34	5.60	—	常温
	泡沫混凝土	250	0.103	1.36	1.50	6.27	7.7	常温
	泡沫混凝土	314	0.078	1.31	0.91	3.81	0.8	常温
	泡沫混凝土	376	0.096	1.57	0.99	4.14	1.8	常温
	泡沫混凝土	413	0.151	2.49	0.96	4.01	12	常温
	泡沫混凝土	525	0.110	2.00	0.79	3.30	—	常温

续表

类别	样品名称(编号)	密度 ρ (kg/m^3)	导热系数 λ [W/(m·K)]	蓄热系数 S_{24} [W/(m^2·K)]	导温系数 $a\times10^3$ (m^2/h)	比热容 c [kJ/(kg·℃)]	重量含水率 ω_z(%)	测试条件
混凝土类	泡沫混凝土	582	0.163	2.90	0.81	3.39	12.4	常温
	泡沫混凝土	627	0.291	4.58	1.05	4.39	—	常温
	玻璃棉泡沫混凝土	232	0.077	1.05	1.39	5.81	—	常温
	玻璃棉泡沫混凝土	286	0.085	1.32	1.06	4.43	—	常温
	玻璃棉泡沫混凝土	343	0.091	1.42	1.06	4.43	3.7	常温
	聚苯乙烯泡沫混凝土	538	0.186	3.09	0.92	3.85	13.7	常温
	锯末泡沫混凝土	705	0.198	2.89	1.21	5.06	—	常温
	加气混凝土	525	0.128	2.11	0.95	3.97	—	16～80℃
	加气混凝土	525	0.151	2.15	0.92	3.85	—	130℃
	加气混凝土	525	0.163	2.50	0.96	4.01	—	170℃
	加气混凝土	545	0.151	2.68	0.97	4.06	4.8	常温
	加气混凝土	566	0.174	2.47	0.99	4.14	8	常温
	加气混凝土	586	0.198	2.82	1.01	4.22	12	常温
	加气混凝土	627	0.244	3.17	1.02	4.27	20	常温

续表

类别	样品名称(编号)	密度 ρ (kg/m^3)	导热系数 λ [$W/(m \cdot K)$]	蓄热系数 S_{24} [$W/(m^2 \cdot K)$]	导温系数 $a \times 10^3$ (m^2/h)	比热容 c [$kJ/(kg \cdot ℃)$]	重量含水率 ω_z(%)	测试条件
混凝土类	加气混凝土	667	0.302	3.66	1.02	4.27	28	常温
	加气混凝土	600	0.139	—	—	—	—	常温
	加气混凝土	700	0.163	—	—	—	—	常温
	加气混凝土	722	0.209	—	—	—	3	常温
	加气混凝土	735	0.232	—	—	—	5	常温
	加气混凝土	762	0.256	—	—	—	8	常温
	加气混凝土	299	0.088	1.3	—	—	—	平均温度 10℃
	加气混凝土	322	0.101	2.1	—	—	8	
	加气混凝土	299	0.088	1.3	—	—	—	平均温度 22℃
	加气混凝土	322	0.150	2.1	—	—	8	平均温度 20℃
	加气混凝土	431	0.116	1.8	—	—	—	平均温度 10℃
	加气混凝土	465	0.151	2.8	—	—	8	
	加气混凝土	431	0.100	1.8	—	—	—	平均温度 20℃
	加气混凝土	465	0.180	2.8	—	—	8	

续表

类别	样品名称(编号)	密度 ρ (kg/m^3)	导热系数 λ [W/(m·K)]	蓄热系数 S_{24} [$W/(m^2·K)$]	导温系数 $a\times10^3$ (m^2/h)	比热容 c [kJ/(kg·℃)]	重量含水率 ω_z(%)	测试条件
混凝土类	加气混凝土	503	0.135	2.1	—	—	—	平均温度10℃
	加气混凝土	543	0.178	2.8	—	—	8	
	加气混凝土	503	0.120	2.1	—	—	—	平均温度20℃
	加气混凝土	543	0.180	2.8	—	—	8	
	泡沫混凝土	279	0.085	—	—	—	—	平均温度20℃
	泡沫混凝土	425	0.085	—	—	—	—	平均温度20℃
	粉煤灰加气混凝土	640	0.209	3.61	0.87	3.64	12.5	常温
	粉煤灰加气混凝土	700	0.221	3.86	0.85	3.55	15.3	常温
	耐热混凝土	296	0.086	1.45	0.91	3.81	—	常温
	大颗粒珍珠岩混凝土	818	0.221	3.44	1.07	0.92	0	常温
	大颗粒珍珠岩混凝土	846	0.256	3.95	1.06	1.00	4	常温
	大颗粒珍珠岩混凝土	875	0.279	4.47	1.05	1.13	8	常温
	大颗粒珍珠岩混凝土	932	0.349	5.51	1.02	1.30	16	常温
	大颗粒珍珠岩混凝土	988	0.407	6.53	0.98	1.51	24	常温

续表

类别	样品名称(编号)	密度 ρ (kg/m^3)	导热系数 λ [W/(m·K)]	蓄热系数 S_{24} [$W/(m^2·K)$]	导温系数 $a\times10^3$ (m^2/h)	比热容 c [kJ/(kg·℃)]	重量含水率 ω_z(%)	测试条件
混凝土类	大颗粒珍珠岩混凝土	888	0.244	3.66	1.16	0.84	0	常温
	大颗粒珍珠岩混凝土	922	0.279	4.19	1.12	0.96	4	常温
	大颗粒珍珠岩混凝土	957	0.314	4.75	1.09	1.05	8	常温
	大颗粒珍珠岩混凝土	1026	0.372	5.94	1.03	1.30	16	常温
	大颗粒珍珠岩混凝土	1095	0.442	7.18	0.97	1.46	24	常温
	大颗粒珍珠岩混凝土	1141	0.383	5.04	1.51	0.79	0	常温
	大颗粒珍珠岩混凝土	1164	0.418	5.48	1.49	0.88	2	常温
	大颗粒珍珠岩混凝土	1187	0.442	5.94	1.48	0.92	4	常温
	大颗粒珍珠岩混凝土	1210	0.476	6.38	1.46	0.96	6	常温
	大颗粒珍珠岩混凝土	1233	0.511	6.82	1.44	1.05	8	常温
	大颗粒珍珠岩混凝土	1255	0.535	7.27	1.42	1.09	10	常温
	大颗粒珍珠岩混凝土	1301	0.604	8.15	1.39	1.21	14	常温
	珍珠岩陶粒混凝土	1017	0.291	4.23	1.22	0.84	0	常温
	珍珠岩陶粒混凝土	1038	0.314	4.57	1.22	0.88	2	常温

续表

类别	样品名称(编号)	密度 ρ (kg/m^3)	导热系数 λ [$W/(m\cdot K)$]	蓄热系数 S_{24} [$W/(m^2\cdot K)$]	导温系数 $a\times10^3$ (m^2/h)	比热容 c [$kJ/(kg\cdot ℃)$]	重量含水率 ω_z(%)	测试条件
混凝土类	珍珠岩陶粒混凝土	1058	0.337	4.91	1.22	0.92	4	常温
	珍珠岩陶粒混凝土	1079	0.360	5.25	1.22	1.00	6	常温
	珍珠岩陶粒混凝土	1100	0.372	5.59	1.15	1.05	8	常温
	珍珠岩陶粒混凝土	1121	0.395	5.92	1.16	1.09	10	常温
	珍珠岩陶粒混凝土	1183	0.453	6.94	1.11	1.25	16	常温
	珍珠岩陶粒混凝土	1234	0.337	5.01	1.18	0.84	0	常温
	珍珠岩陶粒混凝土	1258	0.360	5.37	1.17	0.88	2	常温
	珍珠岩陶粒混凝土	1282	0.383	5.72	1.17	0.92	4	常温
	珍珠岩陶粒混凝土	1306	0.407	6.20	1.15	1.00	6	常温
	珍珠岩陶粒混凝土	1330	0.430	6.58	1.13	1.05	8	常温
	珍珠岩陶粒混凝土	1354	0.453	6.94	1.11	1.09	10	常温
	珍珠岩陶粒混凝土	1402	0.500	7.83	1.06	1.21	14	常温
	碱土陶粒混凝土	1019	0.279	3.90	1.27	0.79	0	常温
	碱土陶粒混凝土	1038	0.302	4.30	1.24	0.84	2	常温

续表

类别	样品名称(编号)	密度 ρ (kg/m^3)	导热系数 λ [$W/(m \cdot K)$]	蓄热系数 S_{24} [$W/(m^2 \cdot K)$]	导温系数 $a \times 10^3$ (m^2/h)	比热容 c [$kJ/(kg \cdot ℃)$]	重量含水率 ω_z(%)	测试条件
混凝土类	碱土陶粒混凝土	1058	0.325	4.70	1.22	0.92	4	常温
	碱土陶粒混凝土	1077	0.349	5.10	1.19	0.96	6	常温
	碱土陶粒混凝土	1096	0.372	5.49	1.17	1.05	8	常温
	碱土陶粒混凝土	1115	0.395	5.90	1.15	1.09	10	常温
	碱土陶粒混凝土	1154	0.442	6.69	1.11	1.21	14	常温
	碱土陶粒混凝土	1193	0.476	7.49	1.07	1.34	18	常温
	碱土陶粒混凝土	1197	0.360	4.94	1.34	0.79	0	常温
	碱土陶粒混凝土	1222	0.395	5.45	1.34	0.88	2	常温
	碱土陶粒混凝土	1247	0.430	5.96	1.34	0.92	4	常温
	碱土陶粒混凝土	1272	0.465	6.47	1.33	1.00	6	常温
	碱土陶粒混凝土	1297	0.500	6.98	1.32	1.05	8	常温
	碱土陶粒混凝土	1322	0.535	7.49	1.32	1.09	10	常温
	碱土陶粒混凝土	1347	0.569	8.00	1.31	1.17	12	常温
	碱土陶粒混凝土	1372	0.604	8.53	1.30	1.21	14	常温

续表

类别	样品名称(编号)	密度 ρ (kg/m^3)	导热系数 λ [W/(m·K)]	蓄热系数 S_{24} [$W/(m^2 \cdot K)$]	导温系数 $a \times 10^3$ (m^2/h)	比热容 c [kJ/(kg·℃)]	重量含水率 ω_z(%)	测试条件
混凝土类	碱土陶粒混凝土	1646	0.639	7.79	1.76	0.79	0	常温
	碱土陶粒混凝土	1681	0.709	8.64	1.77	0.88	2	常温
	碱土陶粒混凝土	1716	0.779	9.49	1.78	0.92	4	常温
	碱土陶粒混凝土	1750	0.848	10.34	1.78	1.00	6	常温
	碱土陶粒混凝土	1785	0.918	11.19	1.77	1.05	8	常温
	黏土陶粒混凝土	1258	0.407	5.31	1.47	0.79	0	常温
	黏土陶粒混凝土	1284	0.453	5.89	1.49	0.84	2	常温
	黏土陶粒混凝土	1310	0.500	6.47	1.50	0.92	4	常温
	黏土陶粒混凝土	1335	0.535	7.05	1.51	0.96	6	常温
	黏土陶粒混凝土	1361	0.581	7.64	1.50	1.05	8	常温
	黏土陶粒混凝土	1387	0.627	8.22	1.50	1.09	10	常温
	黏土陶粒混凝土	1438	0.709	9.39	1.50	1.21	14	常温
	黏土陶粒混凝土	1490	0.802	10.55	1.47	1.30	18	常温
	黏土陶粒混凝土	1310	0.442	5.82	1.54	0.79	0	常温

续表

类别	样品名称(编号)	密度 ρ (kg/m^3)	导热系数 λ [W/(m·K)]	蓄热系数 S_{24} [W/(m^2·K)]	导温系数 $a\times10^3$ (m^2/h)	比热容 c [kJ/(kg·℃)]	重量含水率 ω_z(%)	测试条件
混凝土类	黏土陶粒混凝土	1336	0.488	6.40	1.55	0.84	2	常温
	黏土陶粒混凝土	1362	0.535	6.99	1.56	0.92	4	常温
	黏土陶粒混凝土	1388	0.581	7.59	1.55	0.96	6	常温
	黏土陶粒混凝土	1415	0.627	8.18	1.55	1.05	8	常温
	黏土陶粒混凝土	1441	0.674	8.77	1.55	1.09	10	常温
	黏土陶粒混凝土	1493	0.767	9.94	1.53	1.21	14	常温
	黏土陶粒混凝土	1486	0.558	6.89	1.70	0.79	0	常温
	黏土陶粒混凝土	1516	0.616	7.56	1.72	0.88	2	常温
	黏土陶粒混凝土	1547	0.662	8.24	1.68	0.92	4	常温
	黏土陶粒混凝土	1577	0.720	8.91	1.68	0.96	6	常温
	黏土陶粒混凝土	1607	0.767	9.60	1.66	1.05	8	常温
	黏土陶粒混凝土	1638	0.825	10.27	1.68	1.09	10	常温
	黏土陶粒混凝土	1698	0.918	11.63	1.62	1.21	14	常温
	黏土陶粒混凝土	1687	0.686	8.24	1.79	0.84	0	常温

续表

类别	样品名称（编号）	密度 ρ (kg/m^3)	导热系数 λ [$W/(m \cdot K)$]	蓄热系数 S_{24} [$W/(m^2 \cdot K)$]	导温系数 $a \times 10^3$ (m^2/h)	比热容 c [$kJ/(kg \cdot ℃)$]	重量含水率 ω_z(%)	测试条件
混凝土类	黏土陶粒混凝土	1720	0.767	9.10	1.82	0.88	2	常温
	黏土陶粒混凝土	1754	0.837	9.93	1.85	0.92	4	常温
	黏土陶粒混凝土	1787	0.918	10.80	1.87	1.00	6	常温
	黏土陶粒混凝土	1821	0.999	11.67	1.89	1.05	8	常温
	页岩陶粒混凝土	947	0.314	4.07	1.50	0.79	0	常温
	页岩陶粒混凝土	966	0.337	4.45	1.48	0.84	2	常温
	页岩陶粒混凝土	985	0.360	4.83	1.46	0.92	4	常温
	页岩陶粒混凝土	1005	0.383	5.24	1.44	0.96	6	常温
	页岩陶粒混凝土	1024	0.407	5.61	1.42	1.00	8	常温
	页岩陶粒混凝土	1043	0.442	5.99	1.40	1.05	10	常温
	页岩陶粒混凝土	1082	0.488	6.77	1.36	1.17	14	常温
	页岩陶粒混凝土	1140	0.558	7.92	1.30	1.38	20	常温
	页岩陶粒混凝土	1198	0.639	9.08	1.25	1.55	26	常温
	页岩陶粒混凝土	1051	0.337	4.66	1.38	0.84	0	常温

续表

类别	样品名称(编号)	密度 ρ (kg/m³)	导热系数 λ [W/(m·K)]	蓄热系数 S_{24} [W/(m²·K)]	导温系数 $a\times10^3$ (m²/h)	比热容 c [kJ/(kg·℃)]	重量含水率 ω_z(%)	测试条件
混凝土类	页岩陶粒混凝土	1071	0.372	5.03	1.40	0.88	2	常温
	页岩陶粒混凝土	1091	0.395	5.41	1.40	0.92	4	常温
	页岩陶粒混凝土	1111	0.430	5.81	1.40	1.00	6	常温
	页岩陶粒混凝土	1131	0.453	6.20	1.40	1.05	8	常温
	页岩陶粒混凝土	1150	0.488	6.61	1.39	1.09	10	常温
	页岩陶粒混凝土	1190	0.546	7.42	1.38	1.17	14	常温
	页岩陶粒混凝土	1294	0.465	6.15	1.43	0.88	0	常温
	页岩陶粒混凝土	1321	0.500	6.74	1.43	0.96	2	常温
	页岩陶粒混凝土	1348	0.546	7.33	1.42	1.00	4	常温
	页岩陶粒混凝土	1375	0.581	7.92	1.42	1.09	6	常温
	页岩陶粒混凝土	1402	0.627	8.52	1.41	1.13	8	常温
	页岩陶粒混凝土	1429	0.662	9.11	1.40	1.21	10	常温
	页岩陶粒混凝土	1483	0.744	10.28	1.37	1.34	14	常温
	页岩陶粒混凝土	1499	0.488	6.49	1.48	0.79	0	常温

续表

类别	样品名称(编号)	密度 ρ (kg/m^3)	导热系数 λ [$W/(m\cdot K)$]	蓄热系数 S_{24} [$W/(m^2\cdot K)$]	导温系数 $a\times10^3$ (m^2/h)	比热容 c [$kJ/(kg\cdot ℃)$]	重量含水率 ω_z(%)	测试条件
混凝土类	页岩陶粒混凝土	1584	0.674	8.43	1.66	0.92	5.6	常温
	粉煤灰陶粒混凝土	1080	0.325	4.47	1.33	0.79	0	常温
	粉煤灰陶粒混凝土	1100	0.349	4.83	1.32	0.84	2	常温
	粉煤灰陶粒混凝土	1140	0.395	5.55	1.30	0.96	6	常温
	粉煤灰陶粒混凝土	1181	0.442	6.28	1.28	1.05	10	常温
	粉煤灰陶粒混凝土	1241	0.511	7.43	1.24	1.21	16	常温
	粉煤灰陶粒混凝土	1301	0.581	8.61	1.20	1.34	22	常温
	粉煤灰陶粒混凝土	1362	0.662	9.85	1.16	1.51	28	常温
	粉煤灰陶粒混凝土	1175	0.325	4.61	1.28	0.79	0	常温
	粉煤灰陶粒混凝土	1199	0.360	5.11	1.30	0.84	2	常温
	粉煤灰陶粒混凝土	1222	0.395	5.61	1.31	0.88	4	常温
	粉煤灰陶粒混凝土	1246	0.430	6.11	1.32	0.96	6	常温
	粉煤灰陶粒混凝土	1269	0.465	6.61	1.32	1.00	8	常温
	粉煤灰陶粒混凝土	1293	0.511	7.11	1.32	1.09	10	常温

续表

类别	样品名称(编号)	密度 ρ (kg/m^3)	导热系数 λ [$W/(m \cdot K)$]	蓄热系数 S_{24} [$W/(m^2 \cdot K)$]	导温系数 $a \times 10^3$ (m^2/h)	比热容 c [$kJ/(kg \cdot ℃)$]	重量含水率 ω_z(%)	测试条件
混凝土类	粉煤灰陶粒混凝土	1340	0.581	8.10	1.31	1.17	14	常温
	粉煤灰陶粒混凝土	1387	0.651	9.10	1.30	1.30	18	常温
	粉煤灰陶粒混凝土	1199	0.360	4.87	1.33	0.79	0	常温
	粉煤灰陶粒混凝土	1223	0.395	5.34	1.33	0.88	2	常温
	粉煤灰陶粒混凝土	1247	0.418	5.83	1.32	0.92	4	常温
	粉煤灰陶粒混凝土	1271	0.453	6.31	1.31	0.96	6	常温
	粉煤灰陶粒混凝土	1296	0.488	6.78	1.31	1.05	8	常温
	粉煤灰陶粒混凝土	1320	0.511	7.27	1.29	1.09	10	常温
	粉煤灰陶粒混凝土	1368	0.581	8.22	1.27	1.17	14	常温
	粉煤灰陶粒混凝土	1417	0.639	9.19	1.25	1.30	18	常温
	粉煤灰陶粒混凝土	1465	0.697	10.15	1.22	1.42	22	常温
	粉煤灰陶粒混凝土	1514	0.755	11.11	1.19	1.51	26	常温
	粉煤灰陶粒混凝土	1314	0.430	5.69	1.53	0.79	0	常温
	粉煤灰陶粒混凝土	1340	0.476	6.26	1.53	0.84	2	常温

续表

类别	样品名称(编号)	密度 ρ (kg/m^3)	导热系数 λ [$W/(m \cdot K)$]	蓄热系数 S_{24} [$W/(m^2 \cdot K)$]	导温系数 $a \times 10^3$ (m^2/h)	比热容 c [$kJ/(kg \cdot ℃)$]	重量含水率 ω_z(%)	测试条件
混凝土类	粉煤灰陶粒混凝土	1366	0.523	6.82	1.52	0.92	4	常温
	粉煤灰陶粒混凝土	1392	0.558	7.39	1.52	0.96	6	常温
	粉煤灰陶粒混凝土	1418	0.604	7.96	1.51	1.00	8	常温
	粉煤灰陶粒混凝土	1444	0.651	8.53	1.50	1.09	10	常温
	粉煤灰陶粒混凝土	1497	0.732	9.65	1.47	1.21	14	常温
	粉煤灰陶粒混凝土	1549	0.813	10.78	1.44	1.34	18	常温
	粉煤灰陶粒混凝土	1472	0.500	6.55	1.52	0.79	0	常温
	粉煤灰陶粒混凝土	1502	0.535	7.11	1.49	0.88	2	常温
	粉煤灰陶粒混凝土	1532	0.581	7.66	1.47	0.92	4	常温
	粉煤灰陶粒混凝土	1562	0.616	8.21	1.44	0.96	6	常温
	粉煤灰陶粒混凝土	1592	0.651	8.77	1.42	1.05	8	常温
	粉煤灰陶粒混凝土	1622	0.686	9.36	1.39	1.13	10	常温
	粉煤灰陶粒混凝土	1682	0.755	10.55	1.35	1.21	14	常温
	粉煤灰陶粒混凝土	1570	0.604	7.34	1.76	0.79	0	常温

续表

类别	样品名称(编号)	密度 ρ (kg/m^3)	导热系数 λ [$W/(m \cdot K)$]	蓄热系数 S_{24} [$W/(m^2 \cdot K)$]	导温系数 $a \times 10^3$ (m^2/h)	比热容 c [$kJ/(kg \cdot ℃)$]	重量含水率 ω_z(%)	测试条件
混凝土类	粉煤灰陶粒混凝土	1602	0.686	8.20	1.83	0.84	2	常温
	粉煤灰陶粒混凝土	1634	0.767	9.04	1.87	0.92	4	常温
	粉煤灰陶粒混凝土	1666	0.837	9.84	1.88	0.96	6	常温
	粉煤灰陶粒混凝土	1698	0.895	10.61	1.87	1.00	8	常温
	粉煤灰陶粒混凝土	1730	0.953	11.36	1.83	1.09	10	常温
	粉煤灰陶粒混凝土	1794	1.046	12.74	1.75	1.21	14	常温
	粉煤灰陶粒混凝土	1648	0.697	8.27	1.87	0.84	0	常温
	粉煤灰陶粒混凝土	1681	0.755	9.00	1.85	0.88	2	常温
	粉煤灰陶粒混凝土	1715	0.825	9.78	1.83	0.96	4	常温
	粉煤灰陶粒混凝土	1748	0.883	10.54	1.81	1.00	6	常温
	粉煤灰陶粒混凝土	1781	0.941	11.34	1.79	1.09	8	常温
	粉煤灰陶粒混凝土	1815	0.999	12.12	1.77	1.13	10	常温
	粉煤灰陶粒混凝土	1748	0.767	8.72	1.99	0.79	0	常温
	粉煤灰陶粒混凝土	1781	0.837	9.54	2.00	0.84	2	常温

续表

类别	样品名称(编号)	密度 ρ (kg/m^3)	导热系数 λ [$W/(m \cdot K)$]	蓄热系数 S_{24} [$W/(m^2 \cdot K)$]	导温系数 $a \times 10^3$ (m^2/h)	比热容 c [$kJ/(kg \cdot ℃)$]	重量含水率 ω_z(%)	测试条件
混凝土类	粉煤灰陶粒混凝土	1814	0.918	10.35	2.03	0.88	4	常温
	粉煤灰陶粒混凝土	1846	0.988	11.20	2.03	0.96	6	常温
	粉煤灰陶粒混凝土	1879	1.069	12.05	2.03	1.00	8	常温
	粉煤灰陶粒混凝土	1912	1.139	12.88	2.04	1.05	10	常温
	浮石混凝土	729	0.174	2.70	0.99	0.84	0	常温
	浮石混凝土	744	0.186	2.93	0.99	0.88	2	常温
	浮石混凝土	759	0.198	3.17	0.97	0.96	4	常温
	浮石混凝土	774	0.209	3.40	0.97	1.00	6	常温
	浮石混凝土	789	0.221	3.64	0.96	1.05	8	常温
	浮石混凝土	803	0.232	3.88	0.95	1.09	10	常温
	浮石混凝土	848	0.267	4.58	0.92	1.25	16	常温
	浮石混凝土	892	0.302	5.29	0.88	1.42	22	常温
	浮石混凝土	937	0.349	5.99	0.85	1.55	28	常温
	浮石混凝土	981	0.383	6.70	0.82	1.71	34	常温

续表

类别	样品名称(编号)	密度 ρ (kg/m^3)	导热系数 λ [$W/(m\cdot K)$]	蓄热系数 S_{24} [$W/(m^2\cdot K)$]	导温系数 $a\times10^3$ (m^2/h)	比热容 c [$kJ/(kg\cdot ℃)$]	重量含水率 ω_z(%)	测试条件
混凝土类	浮石混凝土	1091	0.325	4.54	1.29	0.84	0	常温
	浮石混凝土	1113	0.360	5.01	1.29	0.88	2	常温
	浮石混凝土	1135	0.383	5.47	1.29	0.96	4	常温
	浮石混凝土	1156	0.418	5.94	1.29	1.00	6	常温
	浮石混凝土	1178	0.453	6.39	1.29	1.09	8	常温
	浮石混凝土	1200	0.488	6.85	1.29	1.13	10	常温
	浮石混凝土	1243	0.546	7.78	1.28	1.25	14	常温
	浮石混凝土	1287	0.604	8.70	1.26	1.34	18	常温
	浮石混凝土	1188	0.349	4.93	1.31	0.79	0	常温
	浮石混凝土	1223	0.395	5.54	1.31	0.88	2	常温
	浮石混凝土	1258	0.442	6.18	1.30	0.96	4	常温
	浮石混凝土	1292	0.476	6.82	1.29	1.05	6	常温
	浮石混凝土	1327	0.523	7.49	1.28	1.13	8	常温
	浮石混凝土	1362	0.569	8.17	1.26	1.21	10	常温

续表

类别	样品名称(编号)	密度 ρ (kg/m^3)	导热系数 λ [$W/(m \cdot K)$]	蓄热系数 S_{24} [$W/(m^2 \cdot K)$]	导温系数 $a \times 10^3$ (m^2/h)	比热容 c [$kJ/(kg \cdot ℃)$]	重量含水率 ω_z(%)	测试条件
混凝土类	浮石混凝土	1432	0.662	9.56	1.23	1.34	14	常温
	浮石混凝土	1283	0.349	5.22	1.17	0.84	0	常温
	浮石混凝土	1309	0.383	5.72	1.17	0.92	2	常温
	浮石混凝土	1335	0.418	6.20	1.17	0.96	4	常温
	浮石混凝土	1361	0.453	6.70	1.18	1.00	6	常温
	浮石混凝土	1388	0.476	7.19	1.17	1.09	8	常温
	浮石混凝土	1414	0.511	7.69	1.17	1.13	10	常温
	浮石混凝土	1466	0.581	8.68	1.15	1.25	14	常温
	浮石混凝土	1330	0.372	5.41	1.22	0.84	0	常温
	浮石混凝土	1361	0.407	5.92	1.23	0.88	2	常温
	浮石混凝土	1392	0.442	6.44	1.23	0.92	4	常温
	浮石混凝土	1422	0.476	6.94	1.23	0.96	6	常温
	浮石混凝土	1453	0.511	7.45	1.23	1.05	8	常温
	浮石混凝土	1484	0.546	7.96	1.23	1.09	10	常温

续表

类别	样品名称(编号)	密度 ρ (kg/m^3)	导热系数 λ [$W/(m \cdot K)$]	蓄热系数 S_{24} [$W/(m^2 \cdot K)$]	导温系数 $a \times 10^3$ (m^2/h)	比热容 c [$kJ/(kg \cdot ℃)$]	重量含水率 ω_z(%)	测试条件
混凝土类	浮石混凝土	1545	0.616	8.98	1.21	1.17	14	常温
	火山渣混凝土	1410	0.360	5.45	1.13	0.84	0	常温
	火山渣混凝土	1438	0.407	6.02	1.15	0.88	2	常温
	火山渣混凝土	1466	0.442	6.59	1.17	0.92	4	常温
	火山渣混凝土	1494	0.476	7.14	1.18	1.00	6	常温
	火山渣混凝土	1522	0.523	7.71	1.18	1.05	8	常温
	火山渣混凝土	1550	0.558	8.28	1.18	1.09	10	常温
	火山渣混凝土	1606	0.639	9.41	1.18	1.21	14	常温
	火山渣混凝土	1662	0.720	10.55	1.18	1.30	18	常温
	火山渣混凝土	1663	0.593	7.40	1.69	0.75	0	常温
	火山渣混凝土	1694	0.662	8.14	1.70	0.84	2	常温
	火山渣混凝土	1725	0.720	8.88	1.71	0.88	4	常温
	火山渣混凝土	1756	0.779	9.64	1.71	0.92	6	常温
	火山渣混凝土	1788	0.848	10.42	1.71	1.00	8	常温

续表

类别	样品名称(编号)	密度 ρ (kg/m^3)	导热系数 λ [$W/(m \cdot K)$]	蓄热系数 S_{24} [$W/(m^2 \cdot K)$]	导温系数 $a \times 10^3$ (m^2/h)	比热容 c [$kJ/(kg \cdot ℃)$]	重量含水率 ω_z(%)	测试条件
混凝土类	火山渣混凝土	1819	0.906	11.18	1.71	1.09	10	常温
	火山渣混凝土	1881	1.034	12.77	1.69	1.17	14	常温
	自燃煤矸石混凝土	1252	0.430	—	—	—	0	常温
	自燃煤矸石混凝土	1277	0.465	—	—	—	2	常温
	自燃煤矸石混凝土	1302	0.500	—	—	—	4	常温
	自燃煤矸石混凝土	1327	0.523	—	—	—	6	常温
	自燃煤矸石混凝土	1352	0.558	—	—	—	8	常温
	自燃煤矸石混凝土	1377	0.593	—	—	—	10	常温
	自燃煤矸石混凝土	1427	0.651	—	—	—	14	常温
	自燃煤矸石混凝土	1592	0.651	—	—	—	0	常温
	自燃煤矸石混凝土	1624	0.709	—	—	—	2	常温
	自燃煤矸石混凝土	1657	0.755	—	—	—	4	常温
	自燃煤矸石混凝土	1689	0.813	—	—	—	6	常温
	自燃煤矸石混凝土	1722	0.872	—	—	—	8	常温

续表

类别	样品名称(编号)	密度 ρ (kg/m^3)	导热系数 λ [$W/(m \cdot K)$]	蓄热系数 S_{24} [$W/(m^2 \cdot K)$]	导温系数 $a \times 10^3$ (m^2/h)	比热容 c [$kJ/(kg \cdot ℃)$]	重量含水率 ω_z(%)	测试条件
混凝土类	自燃煤矸石混凝土	1754	0.930	—	—	—	10	常温
	自燃煤矸石混凝土	1803	1.011	—	—	—	13	常温
	自燃煤矸石混凝土	1765	0.837	9.22	2.15	0.79	0	常温
	自燃煤矸石混凝土	1800	0.918	10.12	2.16	0.84	2	常温
	自燃煤矸石混凝土	1835	1.011	11.00	2.18	0.92	4	常温
	自燃煤矸石混凝土	1870	1.092	11.93	2.17	0.96	6	常温
	自燃煤矸石混凝土	1905	1.174	12.84	2.17	1.00	8	常温
	自燃煤矸石混凝土	1904	0.767	9.25	1.78	0.79	0	常温
	自燃煤矸石混凝土	1956	0.895	10.54	1.86	0.88	3.3	常温
	自燃煤矸石混凝土	2041	1.139	10.95	2.81	0.71	0	常温
	矿渣炉渣混凝土	1000	0.407	4.94	1.75	0.84	—	常温
	矿渣炉渣混凝土	1200	0.523	6.16	1.88	0.84	—	常温
	矿渣炉渣混凝土	1400	0.639	7.43	1.96	0.84	—	常温
	矿渣炉渣混凝土	1600	0.755	8.54	2.03	0.84	—	常温

续表

类别	样品名称(编号)	密度 ρ (kg/m^3)	导热系数 λ [W/(m·K)]	蓄热系数 S_{24} [$W/(m^2 \cdot K)$]	导温系数 $a \times 10^3$ (m^2/h)	比热容 c [kJ/(kg·℃)]	重量含水率 ω_z(%)	测试条件
混凝土类	矿渣炉渣混凝土	1800	0.872	9.76	2.08	0.84	—	常温
	炉渣混凝土	1302	0.546	6.27	1.97	0.75	0	常温
	炉渣混凝土	1476	0.895	9.98	2.09	1.05	13.3	常温
	炉渣混凝土	1583	0.674	8.17	1.77	0.88	0	常温
	炉渣混凝土	1657	0.790	9.67	1.74	1.51	4.9	常温
	炉渣混凝土	1690	0.732	8.79	1.80	0.88	0	常温
	炉渣混凝土	1768	0.825	10.39	1.64	1.00	4.7	常温
	炉渣混凝土	1780	0.906	9.87	2.19	0.84	0	常温
	炉渣混凝土	1880	1.081	11.24	2.40	0.88	6.1	常温
	矿渣混凝土	2022	0.593	8.18	1.36	0.79	0	常温
	矿渣混凝土	2065	0.639	8.75	1.39	0.79	0	常温
	碎砖混凝土	1353	0.395	5.23	1.34	0.79	0	常温
	碎砖混凝土	1380	0.442	5.83	1.37	0.84	2	常温
	碎砖混凝土	1407	0.488	6.44	1.39	0.88	4	常温

续表

类别	样品名称(编号)	密度 ρ (kg/m^3)	导热系数 λ [W/(m·K)]	蓄热系数 S_{24} [$W/(m^2 \cdot K)$]	导温系数 $a \times 10^3$ (m^2/h)	比热容 c [kJ/(kg·℃)]	重量含水率 ω_z(%)	测试条件
混凝土类	碎砖混凝土	1434	0.523	7.04	1.40	0.96	6	常温
	碎砖混凝土	1462	0.569	7.64	1.41	1.00	8	常温
	碎砖混凝土	1489	0.616	8.25	1.41	1.05	10	常温
	碎砖混凝土	1543	0.709	9.46	1.41	1.17	14	常温
	碎砖混凝土	1597	0.790	10.66	1.41	1.25	18	常温
	碎砖混凝土	1651	0.883	11.87	1.41	1.38	22	常温
	膨珠陶粒混凝土	1537	0.476	6.53	1.38	0.79	0	常温
	膨珠陶粒混凝土	1562	0.523	7.18	1.38	0.88	2	常温
	膨珠陶粒混凝土	1588	0.581	7.93	1.38	0.96	4	常温
	膨珠陶粒混凝土	1613	0.627	8.61	1.38	1.00	6	常温
	膨珠陶粒混凝土	1638	0.674	9.27	1.37	1.09	8	常温
	膨珠陶粒混凝土	1663	0.732	10.06	1.37	1.17	10	常温
	膨珠陶粒混凝土	1618	0.535	6.97	1.53	0.79	0	常温
	膨珠陶粒混凝土	1653	0.569	7.57	1.47	0.84	2	常温

续表

类别	样品名称(编号)	密度 ρ (kg/m^3)	导热系数 λ [$W/(m \cdot K)$]	蓄热系数 S_{24} [$W/(m^2 \cdot K)$]	导温系数 $a \times 10^3$ (m^2/h)	比热容 c [$kJ/(kg \cdot ℃)$]	重量含水率 ω_z(%)	测试条件
混凝土类	膨珠陶粒混凝土	1689	0.616	8.27	1.44	0.92	4	常温
	膨珠陶粒混凝土	1725	0.662	9.00	1.41	1.00	6	常温
	膨珠陶粒混凝土	1761	0.697	9.65	1.36	1.05	8	常温
	膨珠陶粒混凝土	1797	0.744	10.39	1.33	1.13	10	常温
	膨珠陶粒混凝土	1833	0.790	11.13	1.31	1.17	12	常温
	膨珠混凝土	1622	0.453	6.47	1.26	0.79	0	常温
	膨珠混凝土	1654	0.500	7.10	1.26	0.84	2	常温
	膨珠混凝土	1687	0.546	7.75	1.26	0.92	4	常温
	膨珠混凝土	1719	0.581	8.42	1.26	0.96	6	常温
	膨珠混凝土	1751	0.627	9.08	1.26	1.05	8	常温
	膨珠混凝土	1727	0.488	6.83	1.26	0.79	0	常温
	膨珠混凝土	1736	0.535	7.57	1.25	0.88	2	常温
	膨珠混凝土	1800	0.581	8.32	1.25	0.92	4	常温
	膨珠混凝土	1837	0.627	9.06	1.24	1.00	6	常温

续表

类别	样品名称(编号)	密度 ρ (kg/m^3)	导热系数 λ [$W/(m \cdot K)$]	蓄热系数 S_{24} [$W/(m^2 \cdot K)$]	导温系数 $a \times 10^3$ (m^2/h)	比热容 c [$kJ/(kg \cdot ℃)$]	重量含水率 ω_z(%)	测试条件
混凝土类	膨珠混凝土	1874	0.674	9.80	1.22	1.05	8	常温
	膨珠混凝土	1911	0.720	10.55	1.21	1.13	10	常温
	膨珠混凝土	1829	0.546	7.47	1.37	0.79	0	常温
	膨珠混凝土	1930	0.744	10.06	1.42	0.96	5.5	常温
	膨珠混凝土	1874	0.581	7.86	1.42	0.79	0	常温
	膨珠混凝土	2023	0.802	11.00	1.38	1.05	8	常温
	膨珠混凝土	1991	0.651	8.53	1.51	0.75	0	常温
	膨珠混凝土	2030	0.709	9.37	1.49	0.84	2	常温
	膨珠混凝土	2069	0.767	10.22	1.46	0.92	4	常温
	膨珠混凝土	2108	0.825	11.07	1.44	0.96	6	常温
	膨珠混凝土	2147	0.883	11.92	1.43	1.05	8	常温
	膨珠混凝土	2186	0.941	12.77	1.41	1.09	10	常温
	膨珠无砂小孔混凝土	1623	0.476	6.59	1.36	0.79	0	常温
	膨珠无砂小孔混凝土	1745	0.546	7.24	1.48	0.75	0	常温

续表

类别	样品名称(编号)	密度ρ (kg/m^3)	导热系数λ [$W/(m·K)$]	蓄热系数S_{24} [$W/(m^2·K)$]	导温系数$a \times 10^3$ (m^2/h)	比热容c [$kJ/(kg·℃)$]	重量含水率ω_z(%)	测试条件
混凝土类	膨珠无砂小孔混凝土	2053	0.639	8.77	1.38	0.84	0	常温
	膨珠渣棉混凝土	1802	0.488	7.04	1.25	0.75	0	常温
	膨珠渣棉混凝土	1913	0.651	8.93	1.38	0.88	6.2	常温
	膨渣混凝土	1955	0.790	9.32	1.87	0.75	0	常温
	膨渣混凝土	2050	0.953	10.58	2.11	0.79	2.8	常温
	膨渣混凝土	2095	1.034	11.48	2.11	0.84	5	常温
	膨渣混凝土	2153	1.069	12.44	1.92	0.92	7.9	常温
	膨屑混凝土	1825	0.593	8.13	1.38	0.84	0	常温
	焦渣混凝土	1792	0.767	8.72	2.01	0.75	0	常温
	碎石混凝土	2277	1.511	13.35	3.33	0.71	0	常温
	碎石混凝土	2299	1.615	13.79	3.59	0.71	1	常温
	碎石混凝土	2321	1.731	14.59	3.64	0.75	2	常温
	碎石混凝土	2344	1.836	15.36	3.69	0.75	3	常温
	碎石混凝土	2366	1.941	16.12	3.75	0.79	4	常温

续表

类别	样品名称(编号)	密度 ρ (kg/m^3)	导热系数 λ [W/(m·K)]	蓄热系数 S_{24} [$W/(m^2·K)$]	导温系数 $a\times10^3$ (m^2/h)	比热容 c [kJ/(kg·℃)]	重量含水率 ω_z(%)	测试条件
混凝土类	碎石混凝土	2389	2.045	16.90	3.79	0.84	5	常温
	碎石混凝土	2411	2.150	17.73	3.81	0.84	6	常温
	钢筋混凝土	2400	1.545	14.93	2.77	0.84	—	常温
	钢筋混凝土	2500	1.627	15.57	2.80	0.84	—	常温
	蒸压轻质加气混凝土	470	0.127	2.06	1.06	0.92	—	平均温度12℃
	蒸压轻质加气混凝土	512	0.186	2.79	1.16	1.13	—	—
	蒸压轻质加气混凝土	530	0.213	3.26	1.11	1.30	—	—
	蒸压轻质加气混凝土	554	0.242	3.73	1.10	1.43	—	—
	蒸压轻质加气混凝土	574	0.266	4.18	1.05	1.59	—	—
	蒸压粉煤灰加气混凝土	564	0.155	—	—	—	—	平均温度10℃
	蒸压粉煤灰加气混凝土	451	0.112	—	—	—	—	平均温度10℃
	蒸压加气混凝土	526	0.186	—	—	—	—	平均温度25℃
	泡沫混凝土	279	0.098	1.48	—	—	—	平均温度20℃
	泡沫混凝土	425	0.099	—	—	—	—	平均温度20℃
	珍珠岩混凝土块	449	0.11	—	—	—	—	平均温度10℃

续表

类别	样品名称(编号)	密度 ρ (kg/m^3)	导热系数 λ [W/(m·K)]	蓄热系数 S_{24} [W/(m^2·K)]	导温系数 $a\times10^3$ (m^2/h)	比热容 c [kJ/(kg·℃)]	重量含水率 ω_z(%)	测试条件
混凝土类	珍珠岩混凝土	453	0.101	—	—	—	—	平均温度 9℃
	珍珠岩混凝土	478	0.102	—	—	—	—	平均温度 10℃
	珍珠岩混凝土	442	0.099	—	—	—	—	平均温度 12℃
	珍珠岩混凝土	542	0.118	—	—	—	—	平均温度 15℃
	珍珠岩水泥砌块	963	0.29	—	—	—	—	平均温度 0℃
	珍珠岩混凝土砌块	915	0.238	—	—	—	—	—
	珍珠岩混凝土砌块	932	0.245	—	—	—	—	平均温度 0℃
	憎水珍珠岩保温砖	178	0.0535	—	—	—	—	平均温度 10℃
	憎水珍珠岩保温砖	226	0.0708	—	—	—	—	平均温度 10℃
	憎水珍珠岩保温砖	236	0.0665	—	—	—	—	平均温度 10℃
	憎水珍珠岩板	193	0.0596	—	—	—	—	平均温度 25℃
	防水珍珠岩保温板	235	0.069	—	—	—	—	平均温度 12℃
	预力钢混凝土空心墙板材料	1482	0.814	5.90	—	—	—	—
	预力钢混凝土空心墙板材料	985	0.33	5.14	—	—	—	—
	混凝土空心墙板材料	1872	1.27	—	—	—	—	温差 4℃

续表

类别	样品名称(编号)	密度 ρ (kg/m^3)	导热系数 λ [W/(m·K)]	蓄热系数 S_{24} [$W/(m^2 \cdot K)$]	导温系数 $a\times10^3$ (m^2/h)	比热容 c [kJ/(kg·℃)]	重量含水率 ω_z(%)	测试条件
保温材料	蛭石粉料	119	0.073	2.93	1.62	6.77	—	常温
	蛭石粉料	144	0.079	0.92	1.91	7.99	—	常温
	蛭石粉料	214	0.085	—	—	—	—	常温
	蛭石粉料	278	0.091	1.56	0.88	3.68	—	常温
	蛭石沥青	150	0.087	1.13	1.56	6.52	—	常温
	蛭石沥青	355	0.108	2.07	0.71	2.97	—	常温
	蛭石沥青	450	0.163	3.32	0.63	2.63	26.7	常温
	蛭石水泥	347	0.151	2.09	1.34	5.60	7.9	常温
	蛭石水泥	360	0.163	2.36	1.25	5.23	9.1	常温
	蛭石水泥	369	0.139	1.84	1.10	4.60	5.3	常温
	蛭石水泥	814	0.279	4.48	1.00	4.18	10.8	常温
	蛭石白灰	408	0.244	3.46	1.29	5.39	—	常温
	蛭石水泥白灰	575	0.128	2.29	0.81	3.39	—	常温
	蛭石水泥白灰	609	0.139	2.29	0.97	4.06	—	常温

续表

类别	样品名称(编号)	密度 ρ (kg/m^3)	导热系数 λ [W/(m·K)]	蓄热系数 S_{24} [$W/(m^2 \cdot K)$]	导温系数 $a \times 10^3$ (m^2/h)	比热容 c [kJ/(kg·℃)]	重量含水率 ω_z(%)	测试条件
保温材料	蛭石水玻璃	430	0.128	1.79	1.32	5.52	—	常温
	乳化沥青蛭石	473	0.163	2.70	0.91	3.81	—	常温
	珍珠岩	44	0.042	0.48	2.00	8.36	—	常温
	珍珠岩	54	0.049	—	—	—	—	50℃
	珍珠岩	54	0.055	—	—	—	—	100℃
	珍珠岩	54	0.062	—	—	—	—	140℃
	珍珠岩	54	0.067	—	—	—	—	180℃
	珍珠岩	54	0.074	—	—	—	—	220℃
	珍珠岩	62	0.043	0.45	2.35	9.83	—	常温
	珍珠岩	82	0.046	0.59	1.59	6.65	—	常温
	珍珠岩	90	0.052	—	—	—	—	60℃
	珍珠岩	90	0.059	—	—	—	—	100℃
	珍珠岩	90	0.066	—	—	—	—	140℃
	珍珠岩	90	0.079	—	—	—	—	220℃

续表

类别	样品名称(编号)	密度 ρ (kg/m^3)	导热系数 λ [W/(m·K)]	蓄热系数 S_{24} [W/(m^2·K)]	导温系数 $a\times10^3$ (m^2/h)	比热容 c [kJ/(kg·℃)]	重量含水率 ω_z(%)	测试条件
保温材料	珍珠岩	100	0.048	—	—	—	—	常温
	珍珠岩	120	0.060	—	—	—	20	常温
	珍珠岩	140	0.074	—	—	—	40	常温
	珍珠岩	160	0.088	—	—	—	60	常温
	珍珠岩	180	0.102	—	—	—	80	常温
	珍珠岩	200	0.116	—	—	—	100	常温
	珍珠岩	220	0.130	—	—	—	120	常温
	珍珠岩	240	0.144	—	—	—	140	常温
	珍珠岩	260	0.158	—	—	—	160	常温
	珍珠岩	280	0.171	—	—	—	180	常温
	珍珠岩	301	0.184	—	—	—	200	常温
	珍珠岩	120	0.056	0.77	1.37	5.73	—	常温
	珍珠岩	120	0.056	—	—	—	—	常温
	珍珠岩	120	0.062	—	—	—	—	60℃

续表

类别	样品名称(编号)	密度 ρ (kg/m^3)	导热系数 λ [W/(m·K)]	蓄热系数 S_{24} [$W/(m^2 \cdot K)$]	导温系数 $a \times 10^3$ (m^2/h)	比热容 c [kJ/(kg·℃)]	重量含水率 ω_z(%)	测试条件
保温材料	珍珠岩	120	0.067	—	—	—	—	100℃
	珍珠岩	120	0.073	—	—	—	—	140℃
	珍珠岩	120	0.079	—	—	—	—	180℃
	珍珠岩	120	0.085	—	—	—	—	220℃
	珍珠岩	260	0.076	—	—	—	0	20℃
	珍珠岩	260	0.084	—	—	—	0	60℃
	珍珠岩	260	0.093	—	—	—	0	100℃
	珍珠岩	260	0.102	—	—	—	0	140℃
	珍珠岩	260	0.110	—	—	—	0	180℃
	珍珠岩	260	0.116	—	—	—	0	220℃
	珍珠岩	288	0.078	1.37	0.84	3.51	0	常温
	水泥珍珠岩	200	0.058	0.88	1.14	4.77	0	常温
	水泥珍珠岩	300	0.073	1.23	0.91	3.81	0	常温
	水泥珍珠岩	400	0.091	1.51	0.93	3.89	0	常温

续表

类别	样品名称(编号)	密度 ρ (kg/m^3)	导热系数 λ [$W/(m \cdot K)$]	蓄热系数 S_{24} [$W/(m^2 \cdot K)$]	导温系数 $a \times 10^3$ (m^2/h)	比热容 c [$kJ/(kg \cdot ℃)$]	重量含水率 ω_z(%)	测试条件
保温材料	水泥珍珠岩	500	0.113	1.87	0.94	3.93	0	常温
	水泥珍珠岩	600	0.139	2.37	0.90	3.76	0	常温
	水泥珍珠岩	700	0.174	2.88	0.95	3.97	0	常温
	水泥珍珠岩	800	0.221	3.49	1.04	4.35	0	常温
	水泥珍珠岩	900	0.267	4.02	1.15	4.81	0	常温
	水泥珍珠岩	1000	0.337	4.73	1.32	5.52	0	常温
	水泥珍珠岩	404	0.098	1.64	0.92	3.85	0	20℃
	水泥珍珠岩	404	0.103	1.73	0.95	3.97	0	60℃
	水泥珍珠岩	404	0.116	1.93	0.96	4.01	0	140℃
	水泥珍珠岩	404	0.128	2.02	0.98	4.10	0	180℃
	水泥珍珠岩	420	0.128	2.02	1.00	4.18	4	常温
	水泥珍珠岩	436	0.151	2.33	1.03	4.31	8	常温
	水泥珍珠岩	452	0.163	2.58	1.03	4.31	12	常温
	水泥珍珠岩	485	0.209	3.26	1.03	4.31	20	常温

续表

类别	样品名称(编号)	密度 ρ (kg/m^3)	导热系数 λ [W/(m·K)]	蓄热系数 S_{24} [W/(m^2·K)]	导温系数 $a\times10^3$ (m^2/h)	比热容 c [kJ/(kg·℃)]	重量含水率 ω_z(%)	测试条件
保温材料	水泥珍珠岩	826	0.209	3.46	0.98	4.10	0	20℃
	水泥珍珠岩	826	0.221	3.65	0.97	4.06	0	60℃
	水泥珍珠岩	826	0.232	3.83	0.95	3.97	0	100℃
	水泥珍珠岩	826	0.256	4.21	0.94	3.93	0	180℃
	水泥珍珠岩	892	0.232	3.87	0.95	3.97	8	常温
	水泥珍珠岩	957	0.279	4.76	0.88	3.68	16	常温
	水泥珍珠岩	1023	0.349	5.94	0.88	3.68	24	常温
	沥青珍珠岩	144	0.058	—	—	—	—	常温
	沥青珍珠岩	285	0.099	1.77	0.82	3.43	—	常温
	沥青珍珠岩	345	0.105	2.01	0.71	2.97	—	常温
	沥青珍珠岩	432	0.115	2.40	0.59	2.47	—	常温
	沥青珍珠岩	529	0.128	2.79	0.55	2.30	—	常温
	乳化沥青珍珠岩	267	0.067	—	—	—	—	常温
	乳化沥青珍珠岩	304	0.084	1.64	0.68	2.84	—	常温

续表

类别	样品名称(编号)	密度 ρ (kg/m³)	导热系数 λ [W/(m·K)]	蓄热系数 S_{24} [W/(m²·K)]	导温系数 $a\times10^3$ (m²/h)	比热容 c [kJ/(kg·℃)]	重量含水率 ω_z(%)	测试条件
保温材料	外涂沥青沥青珍珠岩	407	0.079	—	—	—	—	20℃
	外涂沥青沥青珍珠岩	407	0.086	—	—	—	—	31℃
	外涂沥青水泥珍珠岩	418	0.080	—	—	—	—	19℃
	外涂沥青水泥珍珠岩	418	0.089	—	—	—	—	32℃
	水玻璃珍珠岩	166	0.065	0.95	1.22	5.10	1.7	常温
	水玻璃珍珠岩	179	0.076	1.06	1.33	5.56	5.2	常温
	水玻璃珍珠岩	310	0.099	1.53	1.08	4.52	0.9	常温
	超细玻璃棉(直径 4μ)	25	0.031	—	—	—	—	常温
	超细玻璃棉(直径 4μ)	52	0.033	—	—	—	—	常温
	超细玻璃棉(直径 4μ)	79	0.036	—	—	—	—	常温
	超细玻璃棉	150	0.033	—	—	—	—	平均温度 9℃
	超细玻璃棉	54	0.0319	12.13	—	—	—	—
	氟胶超细玻璃棉	68	0.033	—	—	—	—	常温
	氟胶超细玻璃棉	100	0.037	—	—	—	—	常温

续表

类别	样品名称(编号)	密度 ρ (kg/m^3)	导热系数 λ [$W/(m \cdot K)$]	蓄热系数 S_{24} [$W/(m^2 \cdot K)$]	导温系数 $a \times 10^3$ (m^2/h)	比热容 c [$kJ/(kg \cdot ℃)$]	重量含水率 ω_z(%)	测试条件
保温材料	中级纤维玻璃棉(直径 23μ)	59	0.038	—	—	—	—	常温
	中级纤维玻璃棉(直径 23μ)	81	0.040	—	—	—	—	常温
	中级纤维玻璃棉(直径 23μ)	113	0.043	—	—	—	—	常温
	树脂玻璃棉板(直径 13μ)	57	0.041	0.45	2.13	1.21	—	常温
	树脂玻璃棉板(直径 13μ)	78	0.040	0.50	1.62	1.13	—	常温
	树脂玻璃棉板(直径 13μ)	96	0.038	0.55	1.30	1.13	—	常温
	树脂玻璃棉板(直径 13μ)	107	0.038	0.56	1.21	1.05	—	常温
	树脂玻璃棉板(直径 13μ)	113	0.038	0.59	1.08	1.13	—	常温
	树脂玻璃棉板(直径 13μ)	126	0.040	0.64	1.01	1.13	—	常温
	树脂玻璃棉板(直径 13μ)	141	0.042	0.65	1.08	1.00	—	常温
	树脂玻璃棉板(直径 13μ)	151	0.044	0.67	1.11	0.96	—	常温
	树脂玻璃棉板(直径 13μ)	163	0.046	0.79	0.89	1.17	—	常温
	沥青玻璃棉毡(直径 13.6μ)	78	0.043	0.51	1.81	1.09	—	常温
	沥青玻璃棉毡(直径 13.6μ)	109	0.040	0.56	1.29	1.00	—	常温

续表

类别	样品名称(编号)	密度 ρ (kg/m³)	导热系数 λ [W/(m·K)]	蓄热系数 S_{24} [W/(m²·K)]	导温系数 $a\times10^3$ (m²/h)	比热容 c [kJ/(kg·℃)]	重量含水率 ω_z(%)	测试条件
保温材料	沥青玻璃棉毡(直径13.6μ)	131	0.038	0.60	1.05	1.00	—	常温
	沥青玻璃棉毡(直径13.6μ)	148	0.037	0.64	0.87	1.05	—	常温
	沥青玻璃棉毡(直径13.6μ)	175	0.037	0.73	0.67	1.17	—	常温
	沥青玻璃棉毡(直径13.6μ)	200	0.041	0.82	0.62	1.18	—	常温
	离心玻璃棉毡	11	0.0465	—	—	—	—	平均温度15℃
	玻璃棉毡		0.0528	—	—	51.23	—	平均温度21℃
	玻璃棉毡		0.0528	—	—	51.23	—	平均温度21℃
	玻璃棉毡	78	0.0347	—	—	—	—	平均温度20℃
	玻璃棉毡	21	0.0527	—	—	—	—	—
	玻璃棉	100	0.058	0.56	2.78	0.75	—	常温
	玻璃棉	48	0.0394	—	—	—	—	平均温度70℃
	玻璃棉	52	0.043	—	—	—	—	平均温度70℃
	玻璃棉	30	0.0455	—	—	—	—	平均温度70℃
	玻璃棉板	46	0.0425	—	—	—	—	平均温度70℃

续表

类别	样品名称(编号)	密度 ρ (kg/m^3)	导热系数 λ $[W/(m \cdot K)]$	蓄热系数 S_{24} $[W/(m^2 \cdot K)]$	导温系数 $a \times 10^3$ (m^2/h)	比热容 c $[kJ/(kg \cdot ℃)]$	重量含水率 $\omega_z(\%)$	测试条件
保温材料	离心玻璃棉管壳	53	0.0423	—	—	—	—	平均温度 70℃
	离心玻璃棉管壳	69	0.0415	—	—	—	—	平均温度 70℃
	离心玻璃棉管壳	70	0.0424	—	—	—	—	平均温度 70℃
	玻璃棉管	48	0.0429	—	—	—	—	平均温度 70℃
	离心玻璃棉板	70	0.0424	—	—	—	—	平均温度 70℃
	离心玻璃棉板	69	0.0415	—	—	—	—	平均温度 70℃
	离心玻璃棉板	30	0.0438	—	—	—	—	平均温度 70℃
	铝箔离心玻璃棉	52	0.0428			—	—	平均温度 70℃
	铝箔玻璃棉	61	0.042			—		平均温度 70℃
	火山岩棉	80～110	0.041	—	—	—	—	—
	沥青玻璃棉毡(直径 13.6μ)	227	0.036	—	—	—	0.27	—
	硅酸铝纤维	82	0.034	—	—	—	—	—
	硅酸铝纤维	140	0.053	—	—	5.90	0.23	—
	矿棉(直径 9.28μ)	100	0.076	—	—	—	—	—

续表

类别	样品名称(编号)	密度 ρ (kg/m^3)	导热系数 λ [$W/(m \cdot K)$]	蓄热系数 S_{24} [$W/(m^2 \cdot K)$]	导温系数 $a \times 10^3$ (m^2/h)	比热容 c [$kJ/(kg \cdot ℃)$]	重量含水率 ω_z(%)	测试条件
保温材料	矿棉(直径 9.28μ)	120	0.065	—	—	—	—	—
	矿棉(直径 9.28μ)	150	0.059	—	—	—	—	—
	矿棉(直径 9.28μ)	170	0.065	—	—	—	—	—
	矿棉	187	0.042	—	—	—	—	—
	矿棉吸声板	299	0.049	—	—	2.84	0.21	—
	矿棉装饰吸声板	261	0.0475	—	—	—	—	平均温度 38℃
	矿棉装饰吸声板		0.0549	—	—	—	—	
	矿棉装饰吸声板		0.0472	—	—	—	—	平均温度 13℃
	矿棉装饰吸声板	308	0.0604	—	—	—	—	平均温度 20℃
	矿棉装饰吸声板	388	0.0475	—	—	—	—	平均温度 13.5℃
	矿棉装饰吸声板	399.2	0.0522	—	—	—	—	平均温度 10℃
	矿棉装饰吸声板	487	0.0582	—	—	—	—	平均温度 10℃
	矿棉装饰吸声板	419	0.0528	—	—	—	—	平均温度 10℃
	矿棉装饰吸声板	394	0.0506	—	—	—	—	平均温度 10℃

续表

类别	样品名称(编号)	密度 ρ (kg/m^3)	导热系数 λ [W/(m·K)]	蓄热系数 S_{24} [$W/(m^2 \cdot K)$]	导温系数 $a\times10^3$ (m^2/h)	比热容 c [kJ/(kg·℃)]	重量含水率 ω_z(%)	测试条件
保温材料	矿棉装饰吸声板	347	0.0487	—	—	—	—	平均温度 10℃
	矿棉板	322	0.043	—	—	2.39	0.2	—
	沥青矿棉 (沥青含量 3.88%直径 8.65μ)	100	0.063	—	—	—	—	—
	沥青矿棉 (沥青含量 3.88%直径 8.66μ)	120	0.052	—	—	—	—	—
	沥青矿棉 (沥青含量 3.88%直径 8.67μ)	150	0.055	—	—	—	—	—
	沥青矿棉 (沥青含量 7.03%直径 11.3μ)	120	0.046	—	—	—	—	常温
	沥青矿棉 (沥青含量 7.03%直径 11.4μ)	140	0.048	—	—	—	—	常温
	沥青矿棉 (沥青含量 7.03%直径 11.5μ)	160	0.056	—	—	—	—	常温
	沥青矿棉毡	145	0.042	—	—		—	常温
	沥青矿棉板	300	0.093	1.23	1.48	0.75	—	常温

续表

类别	样品名称(编号)	密度 ρ (kg/m^3)	导热系数 λ [W/(m·K)]	蓄热系数 S_{24} [$W/(m^2 \cdot K)$]	导温系数 $a \times 10^3$ (m^2/h)	比热容 c [kJ/(kg·℃)]	重量含水率 ω_z(%)	测试条件
保温材料	沥青矿棉板	400	0.116	1.59	1.39	0.75	—	常温
	脲醛矿棉板	123	0.042	—	—	—	—	常温
	淀粉矿棉毡	124		—	—	—	—	常温
	淀粉矿棉毡	142	0.046	—	—	—	—	常温
	淀粉矿棉板	135	0.040	—	—	—	—	常温
	淀粉矿棉板	194	0.053	—	—	—	—	常温
	聚乙烯醇矿棉板	144	0.031	—	—	—	—	常温
	聚乙烯醇矿棉板	239	0.038	—	—	—	—	常温
	纸包的矿棉垫	200	0.070	0.87	1.67	0.75	—	常温
	脲醛矿棉板	200	0.070	0.87	1.67	0.75	—	常温
	水玻璃矿棉板	329	0.063	—	—	—	—	常温
	岩棉	100	0.051	—	—	—	—	平均温度10℃
	岩棉	63	0.050	—	—	—	—	平均温度70℃
	岩棉板	128	0.044	—	—	—	—	平均温度70℃

续表

类别	样品名称(编号)	密度 ρ (kg/m^3)	导热系数 λ [$W/(m \cdot K)$]	蓄热系数 S_{24} [$W/(m^2 \cdot K)$]	导温系数 $a \times 10^3$ (m^2/h)	比热容 c [$kJ/(kg \cdot ℃)$]	重量含水率 ω_z(%)	测试条件
保温材料	岩棉板	90	0.043	—	—	—	—	平均温度 70℃
	岩棉板	100	0.043	—	—	—	—	平均温度 70℃
	岩棉	95	0.045	—	—	—	—	平均温度 70℃
	岩棉	64	0.041	—	—	—	—	平均温度 70℃
	碎石棉	103	0.049	—	—	—	—	常温
	石棉绳	130	0.064	—	—	—	—	0℃
	石棉绳	130	0.074	—	—	—	—	45℃
	石棉绳	130	0.083	—	—	—	—	100℃
	石棉绳	500	0.163	—	—	—	—	150℃
	石棉绳	750	0.186	—	—	—	—	100℃
	石棉纸	304	0.091	—	—	—	—	150℃
	石棉垫	400	0.105	—	—	—	—	0℃
	石棉垫	400	0.110	—	—	—	—	50℃
	石棉垫	400	0.116	—	—	—	—	100℃

续表

类别	样品名称(编号)	密度 ρ (kg/m^3)	导热系数 λ [W/(m·K)]	蓄热系数 S_{24} [W/(m^2·K)]	导温系数 $a\times10^3$ (m^2/h)	比热容 c [kJ/(kg·℃)]	重量含水率 ω_z(%)	测试条件
保温材料	石棉垫	400	0.128	—	—	—	—	200℃
	石棉水泥板	300	0.093	6.33	1.33	0.84	—	常温
	石棉水泥板	500	0.128	1.97	1.1	0.84	—	常温
	石棉水泥板	773	0.151	—	—	—	—	常温
	飞利沥青石棉板	725	0.267	3.82	1.27	1.05	—	常温
	黏土石棉灰	512	0.096	—	—	—	—	常温
	黏土石棉灰	638	0.128	—	—	—	—	常温
	黏土石棉灰	1007	0.198	—	—	—	—	常温
	矽藻土石棉灰	810	0.139	3.59	0.39	1.63	—	常温
	石棉菱苦土	870	0.442	5.05	1.97	0.92	—	常温
	脲醛泡沫塑料	20	0.046	0.31	5.71	23.88	—	常温
	聚异氰脲酸脂泡沫塑料	41	0.033	0.41	1.64	6.86	—	常温
	聚乙烯泡沫片材 AC-12	44	0.418	—	—	—	—	常温
	聚乙烯泡沫片材 AC-15	47	0.430	—	—	—	—	常温

续表

类别	样品名称(编号)	密度 ρ (kg/m^3)	导热系数 λ [W/(m·K)]	蓄热系数 S_{24} [$W/(m^2 \cdot K)$]	导温系数 $a\times10^3$ (m^2/h)	比热容 c [kJ/(kg·℃)]	重量含水率 ω_z(%)	测试条件
保温材料	聚乙烯泡沫片材 AC-8	70	0.488	—	—	—	—	常温
	聚乙烯泡沫片材 AC-10	75	0.511	—	—	—	—	常温
	聚氯乙烯泡沫塑料	190	0.058	1.08	0.75	3.14	—	常温
	聚醚聚氨酯塑胶	899	0.186	4.47	0.45	1.88	—	常温
	钙塑	121	0.049	0.82	0.92	3.85	—	常温
	钙塑	148	0.055	0.93	0.89	3.72	—	常温
	钙塑	128	0.045	0.88	0.68	2.84	—	常温
	钙塑	192	0.0560	1.13	0.64	2.68	—	常温
	模塑聚苯乙烯泡沫塑料	18	0.0337	—	—	—	—	平均温度 10℃
	模塑聚苯乙烯泡沫塑料	19	0.0328	—	—	—	—	平均温度 12℃
	模塑聚苯乙烯泡沫塑料	20	0.0335	—	—	—	—	平均温度 10℃
	模塑聚苯乙烯泡沫塑料	20	0.0369	—	—	—	—	平均温度 10℃
	模塑聚苯乙烯泡沫塑料	32	0.0353	0.33	—	—	—	平均温度 10℃
	模塑聚苯乙烯泡沫塑料	18	0.0383	—	—	—	—	平均温度 25℃

续表

类别	样品名称(编号)	密度 ρ (kg/m³)	导热系数 λ [W/(m·K)]	蓄热系数 S_{24} [W/(m²·K)]	导温系数 $a\times10^3$ (m²/h)	比热容 c [kJ/(kg·℃)]	重量含水率 ω_z(%)	测试条件
保温材料	模塑聚苯乙烯泡沫塑料	18	0.0390	—	—	—	—	平均温度25℃
	模塑聚苯乙烯泡沫塑料	18	0.0340	—	—	—	—	平均温度25℃
	模塑聚苯乙烯泡沫塑料	21	0.0359	—	—	—	—	平均温度25℃
	模塑聚苯乙烯泡沫塑料	21	0.0364	—	—	—	—	平均温度25℃
	模塑聚苯乙烯泡沫塑料	21	0.0363	—	—	—	—	平均温度25℃
	模塑聚苯乙烯泡沫塑料	21	0.0363	—	—	—	—	平均温度10℃
	模塑聚苯乙烯泡沫塑料	21	0.0388	—	—	—	—	平均温度20℃
	模塑聚苯乙烯泡沫塑料	22	0.0347	—	—	—	—	平均温度25℃
	模塑聚苯乙烯泡沫塑料	22	0.0360	—	—	—	—	平均温度21℃
	模塑聚苯乙烯泡沫塑料	17	0.0371	—	—	—	—	平均温度10℃
	模塑聚苯乙烯泡沫塑料	17	0.0376	—	—	—	—	
	模塑聚苯乙烯泡沫塑料	18	0.0366	—	—	—	—	平均温度11℃
	模塑聚苯乙烯泡沫塑料	20	0.0332	—	—	—	—	平均温度10℃
	绝热用模塑聚苯乙烯泡沫塑料	20	0.0375	—	—	—	—	平均温度10℃

续表

类别	样品名称(编号)	密度 ρ (kg/m^3)	导热系数 λ [W/(m·K)]	蓄热系数 S_{24} [$W/(m^2 \cdot K)$]	导温系数 $a \times 10^3$ (m^2/h)	比热容 c [kJ/(kg·℃)]	重量含水率 ω_z(%)	测试条件
保温材料	绝热用模塑聚苯乙烯泡沫塑料	18	0.0378	—	—	—	—	平均温度 25℃
	绝热用模塑聚苯乙烯泡沫塑料	18	0.0357	—	—	—	—	平均温度 25℃
	绝热用模塑聚苯乙烯泡沫塑料	25	0.0380	—	—	—	—	平均温度 20℃
	绝热用模塑聚苯乙烯泡沫塑料	25	0.0383	—	—	—	—	平均温度 20℃
	绝热用模塑聚苯乙烯泡沫塑料	25	0.0393	—	—	—	—	平均温度 20℃
	绝热用挤塑聚苯乙烯泡沫塑料	39	0.0228	—	—	—	—	平均温度 10℃
	绝热用挤塑聚苯乙烯泡沫塑料	39	0.0260	—	—	—	—	平均温度 10℃
	绝热用挤塑聚苯乙烯泡沫塑料	38	0.0252	—	—	—	—	平均温度 25℃
	绝热用挤塑聚苯乙烯泡沫塑料	33	0.0300	—	—	—	—	平均温度 25℃
	绝热用挤塑聚苯乙烯泡沫塑料	33	0.0294	—	—	—	—	平均温度 25℃
	绝热用挤塑聚苯乙烯泡沫塑料	43	0.0223	—	—	—	—	平均温度 25℃
	绝热用挤塑聚苯乙烯泡沫塑料	44	0.0242	—	—	—	—	平均温度 25℃
	绝热用挤塑聚苯乙烯泡沫塑料	44	0.025	—	—	—	—	平均温度 25℃
	绝热用挤塑聚苯乙烯泡沫塑料	44	0.0242	—	—	—	—	平均温度 26℃

续表

类别	样品名称(编号)	密度 ρ (kg/m^3)	导热系数 λ [W/(m·K)]	蓄热系数 S_{24} [W/(m^2·K)]	导温系数 $a\times10^3$ (m^2/h)	比热容 c [kJ/(kg·℃)]	重量含水率 ω_z(%)	测试条件
保温材料	绝热用挤塑聚苯乙烯泡沫塑料	42	0.0247	—	—	—	—	平均温度 25℃
	绝热用挤塑聚苯乙烯泡沫塑料	42	0.0233	—	—	—	—	平均温度 25℃
	绝热用挤塑聚苯乙烯泡沫塑料	29	0.0286	—	—	—	—	平均温度 25℃
	绝热用挤塑聚苯乙烯泡沫塑料	30	0.0298	—	—	—	—	平均温度 25℃
	绝热用挤塑聚苯乙烯泡沫塑料	34	0.0292	—	—	—	—	平均温度 25℃
	绝热用挤塑聚苯乙烯泡沫塑料	36	0.0269	—	—	—	—	平均温度 25℃
	绝热用挤塑聚苯乙烯泡沫塑料	39	0.0286	—	—	—	—	平均温度 25℃
	绝热用挤塑聚苯乙烯泡沫塑料	34	0.0276	—	—	—	—	平均温度 25℃
	绝热用挤塑聚苯乙烯泡沫塑料	33	0.027	—	—	—	—	平均温度 25℃
	绝热用挤塑聚苯乙烯泡沫塑料	37	0.0227	—	—	—	—	平均温度 25℃
	绝热用挤塑聚苯乙烯泡沫塑料	30	0.0272	—	—	—	—	平均温度 25℃
	绝热用挤塑聚苯乙烯泡沫塑料	38	0.0240	—	—	—	—	平均温度 20℃
	绝热用挤塑聚苯乙烯泡沫塑料	27	0.0264	—	—	—	—	平均温度 10℃
	绝热用挤塑聚苯乙烯泡沫塑料	46	0.0280	—	—	—	—	平均温度 10℃

续表

类别	样品名称(编号)	密度 ρ (kg/m^3)	导热系数 λ [$W/(m\cdot K)$]	蓄热系数 S_{24} [$W/(m^2\cdot K)$]	导温系数 $a\times10^3$ (m^2/h)	比热容 c [$kJ/(kg\cdot ℃)$]	重量含水率 ω_z(%)	测试条件
保温材料	绝热用挤塑聚苯乙烯泡沫塑料	50	0.0262	—	—	—	—	平均温度 25℃
	聚氨酯泡沫塑料	30	0.0230	—	—	—	—	平均温度 11℃
	聚氨酯泡沫塑料	31	0.0221	—	—	—	—	平均温度 10℃
	聚氨酯泡沫塑料	36	0.0224	—	—	—	—	平均温度 10℃
	聚氨酯泡沫塑料	34	0.0241	—	—	—	—	平均温度 10℃
	聚氨酯泡沫塑料	30	0.0218	—	—	—	—	平均温度 11℃
	聚氨酯泡沫塑料	32	0.0212	—	—	—	—	平均温度 11℃
	聚氨酯泡沫塑料	37	0.0187	—	—	—	—	平均温度 11℃
	聚氨酯泡沫塑料	36	0.0231	—	—	—	—	平均温度 10℃
	聚氨酯硬泡体	64	0.0196	—	—	—	—	平均温度 11℃
	聚氨酯硬泡体	68	0.0188	—	—	—	—	平均温度 9℃
	聚氨酯硬泡体	69	0.0178	—	—	—	—	平均温度 12℃
	聚氨酯硬泡体	61	0.0198	—	—	—	—	平均温度 10℃
	聚氨酯硬泡体	39	0.0202	—	—	—	—	平均温度 10℃

续表

类别	样品名称(编号)	密度 ρ (kg/m^3)	导热系数 λ [$W/(m\cdot K)$]	蓄热系数 S_{24} [$W/(m^2\cdot K)$]	导温系数 $a\times10^3$ (m^2/h)	比热容 c [$kJ/(kg\cdot ℃)$]	重量含水率 ω_z(%)	测试条件
保温材料	聚氨酯硬泡体	55	0.0200	—	—	—	—	平均温度 10℃
	聚氨酯硬泡体	55	0.0197	—	—	—	—	平均温度 10℃
	聚氨酯硬泡体	67	0.0177	—	—	—	—	平均温度 10℃
	聚氨酯硬泡体	62	0.0187	—	—	—	—	平均温度 10℃
	聚氨酯硬泡体	56	0.0181	—	—	—	—	平均温度 10℃
	聚氨酯硬泡体	93	0.0194	—	—	—	—	平均温度 11℃
	聚氨酯硬泡体	56	0.0202	—	—	—	—	平均温度 10℃
	聚氨酯硬泡体	69	0.0176	—	—	—	—	平均温度 9℃
	聚氨酯硬泡体	72	0.0183	—	—	—	—	平均温度 13℃
	聚氨酯硬泡体	59	0.0211	—	—	—	—	平均温度 10℃
	聚氨酯硬泡体	67	0.0220	—	—	—	—	平均温度 10℃
	聚氨酯硬泡体	60	0.0198	—	—	—	—	平均温度 10℃
	聚氨酯硬泡体	68	0.0172	—	—	—	—	平均温度 10℃
	聚氨酯硬泡体	69	0.0218	—	—	—	—	平均温度 10℃

续表

类别	样品名称(编号)	密度 ρ (kg/m^3)	导热系数 λ [$W/(m \cdot K)$]	蓄热系数 S_{24} [$W/(m^2 \cdot K)$]	导温系数 $a \times 10^3$ (m^2/h)	比热容 c [$kJ/(kg \cdot ℃)$]	重量含水率 ω_z(%)	测试条件
保温材料	聚氨酯硬泡体	68	0.0220	—	—	—	—	平均温度10℃
	聚氨酯硬泡体	64	0.0199	—	—	—	—	平均温度10℃
	聚氨酯硬泡体	61	0.0202	—	—	—	—	平均温度10℃
	聚氨酯硬泡体	55	0.0181	—	—	—	—	平均温度10℃
	聚氨酯硬泡体	62	0.0211	—	—	—	—	平均温度10℃
	聚氨酯硬泡体	58	0.0179	—	—	—	—	平均温度10℃
	聚氨酯硬泡体	55	0.0197	—	—	—	—	平均温度10℃
	聚氨酯硬泡体	55	0.0190	—	—	—	—	平均温度10℃
	聚氨酯硬泡体	68	0.0195	—	—	—	—	平均温度10℃
	聚氨酯硬泡体	80	0.0259	—	—	—	—	平均温度10℃
	聚氨酯硬泡体	57	0.0205	—	—	—	—	平均温度25℃
	聚氨酯硬泡体	65	0.0214	—	—	—	—	平均温度25℃
	喷涂聚氨酯硬泡体	57	0.0218	—	—	—	—	平均温度25℃
	喷涂聚氨酯硬泡体	51	0.0218	—	—	—	—	平均温度25℃

续表

类别	样品名称(编号)	密度 ρ (kg/m^3)	导热系数 λ [$W/(m\cdot K)$]	蓄热系数 S_{24} [$W/(m^2\cdot K)$]	导温系数 $a\times10^3$ (m^2/h)	比热容 c [$kJ/(kg\cdot ℃)$]	重量含水率 ω_z(%)	测试条件
保温材料	喷涂聚氨酯硬泡体	60	0.0229	—	—	—	—	平均温度 25℃
	喷涂聚氨酯硬泡体	61	0.0229	—	—	—	—	平均温度 25℃
	聚氨酯硬泡体防水保温材料	58	0.0195	—	—	—	—	平均温度 25℃
	聚氨酯硬泡体防水保温材料	58	0.0195	—	—	—	—	平均温度 25℃
	聚氨酯硬泡体防水保温材料	38	0.0198	—	—	—	—	平均温度 25℃
	聚氨酯硬泡体防水保温材料	57	0.0200	—	—	—	—	平均温度 25℃
	聚氨酯硬泡体防水保温材料	59	0.0200	—	—	—	—	平均温度 25℃
	聚氨酯硬泡体防水保温材料	64	0.0202	—	—	—	—	平均温度 10℃
	聚氨酯硬泡体防水保温材料	57	0.0200	—	—	—	—	平均温度 25℃
	聚氨酯硬泡体防水保温材料	61	0.0220	—	—	—	—	平均温度 20℃
	聚氨酯保温材料	31	0.0198	—	—	—	—	平均温度 10℃
	聚氨酯保温材料	46	0.0186	—	—	—	—	平均温度 25℃
	聚氨酯管壳	60	0.0216	—	—	—	—	平均温度 25℃
	聚氨酯管壳	51	0.0226	—	—	—	—	平均温度 25℃

续表

类别	样品名称(编号)	密度 ρ (kg/m^3)	导热系数 λ [$W/(m \cdot K)$]	蓄热系数 S_{24} [$W/(m^2 \cdot K)$]	导温系数 $a \times 10^3$ (m^2/h)	比热容 c [$kJ/(kg \cdot ℃)$]	重量含水率 ω_z(%)	测试条件
保温材料	高强度硬质聚氨酯管托	427	0.0434	3.18	—	—	—	平均温度25℃
	高强度硬质聚氨酯管托	307	0.0434	3.22	—	—	—	平均温度25℃
	高强度硬质聚氨酯管托	371	0.0372	—	—	—	—	平均温度12℃
	高强度硬质聚氨酯管托	371	0.0372	—	—	—	—	平均温度13℃
	聚氨酯管托	180	0.0268	—	—	—	—	平均温度7℃
	聚氨酯泡沫塑料预制保温管	62	0.0215	—	—	—	—	平均温度10℃
	聚氨酯泡沫塑料	34	0.0350	0.38	—	—	—	常温
	聚氨酯泡沫塑料	77	0.0470	—	—	—	—	常温
	聚氨酯泡沫塑料	535	0.1100	—	—	—	—	常温
	聚氨酯泡沫塑料	54	0.0203	—	—	—	—	平均温度25℃
	硬质聚氨酯泡沫塑料板材	41	0.0195	—	—	—	—	平均温度10℃
	硬质聚氨酯泡沫塑料板材	67	0.0218	—	—	—	—	平均温度25℃
	硬质聚氨酯泡沫塑料板材	39	0.0184	—	—	—	—	平均温度10℃
	硬质聚氨酯泡沫塑料板材	49	0.0194	—	—	—	—	平均温度11℃

续表

类别	样品名称(编号)	密度 ρ (kg/m^3)	导热系数 λ [W/(m·K)]	蓄热系数 S_{24} [$W/(m^2 \cdot K)$]	导温系数 $a\times10^3$ (m^2/h)	比热容 c [kJ/(kg·℃)]	重量含水率 ω_z(%)	测试条件
保温材料	硬质聚氨酯泡沫塑料板材	45	0.0212	—	—	—	—	平均温度 10℃
	硬质聚氨酯泡沫塑料板材	57	0.0218	—	—	—	—	平均温度 10℃
	硬质聚氨酯泡沫塑料板材	65	0.0181	9.17	—	—	—	平均温度 8℃
	硬质聚氨酯泡沫塑料板材	62	0.0218	—	—	—	—	平均温度 10℃
	硬质聚氨酯泡沫塑料板材	56	0.0210	—	—	—	—	平均温度 10℃
	硬质聚氨酯泡沫塑料板材	60	0.0196	—	—	—	—	平均温度 10℃
	硬质聚氨酯泡沫塑料板材	37	0.0194	—	—	—	—	平均温度 25℃
	硬质聚氨酯泡沫塑料板材	58	0.0204	—	—	—	—	平均温度 10℃
	硬质聚氨酯泡沫塑料板材	39	0.0219	—	—	—	—	平均温度 25℃
	硬质聚氨酯泡沫塑料板材	43	0.0220	—	—	—	—	平均温度 20℃
	硬质聚氨酯泡沫塑料板材	41	0.0200	—	—	—	—	平均温度 10℃
	硬质聚氨酯泡沫塑料板材	51	0.0226	—	—	—	—	平均温度 25℃
	硬质聚氨酯泡沫塑料板材	43	0.0240	—	—	—	—	平均温度 25℃

续表

类别	样品名称(编号)	密度 ρ (kg/m^3)	导热系数 λ [W/(m·K)]	蓄热系数 S_{24} [$W/(m^2 \cdot K)$]	导温系数 $a\times10^3$ (m^2/h)	比热容 c [kJ/(kg·℃)]	重量含水率 ω_z(%)	测试条件
保温材料	硬质聚氨酯泡沫塑料板材	49	0.0240	—	—	—	—	平均温度 25℃
	硬质聚氨酯泡沫塑料板材	41	0.0222	—	—	—	—	平均温度 25℃
	硬质聚氨酯泡沫塑料板材	37	0.0171	—	—	—	—	平均温度 25℃
	硬质聚氨酯泡沫塑料板材	48	0.0173	—	—	—	—	平均温度 25℃
	硬质聚氨酯泡沫塑料板材	30	0.0160	—	—	—	—	平均温度 10℃
	硬质聚氨酯泡沫塑料板材	64	0.0247	—	—	—	—	平均温度 50℃
	硬泡沫聚氨酯	68	0.0195	—	—	—	—	平均温度 10℃
	发泡聚氨酯	50	0.0214	—	—	—	—	平均温度 10℃
	阻燃型聚氨酯硬泡板	50	0.0240	—	—	—	—	平均温度 25℃
	墙面硬质聚氨酯泡沫	39	0.0180	—	—	—	—	平均温度 25℃
	冷库硬质聚氨酯泡沫	36	0.0210	—	—	—	—	平均温度 25℃
	现场喷涂硬泡聚氨酯	40	0.0218	—	—	—	—	平均温度 26℃
	外墙用喷涂硬泡聚氨酯(Ⅰ型)	42	0.0210	—	—	—	—	平均温度 25℃
	外墙用喷涂硬泡聚氨酯(Ⅰ型)	43	0.0210	—	—	—	—	平均温度 26℃

续表

类别	样品名称(编号)	密度 ρ (kg/m^3)	导热系数 λ [$W/(m\cdot K)$]	蓄热系数 S_{24} [$W/(m^2\cdot K)$]	导温系数 $a\times10^3$ (m^2/h)	比热容 c [$kJ/(kg\cdot ℃)$]	重量含水率 ω_z(%)	测试条件
保温材料	屋面用喷涂硬泡聚氨酯(Ⅲ型)	55	0.0180	—	—	—	—	平均温度 27℃
	聚氨酯喷涂泡沫	33	0.0320	—	—	—	—	—
	硬泡聚氨酯喷涂料	55	0.0230	—	—	—	—	平均温度 25℃
	硬泡聚氨酯喷涂料	45	0.0240	—	—	—	—	平均温度 25℃
	硬泡聚氨酯浇注料	36	0.0230	—	—	—	—	平均温度 25℃
	喷涂硬泡聚氨酯板	57	0.0211	—	—	—	—	平均温度 25℃
	沥青聚氨酯(LPU)硬泡塑料	42	0.0192	—	—	—	—	平均温度 13℃
	天然油酯型聚氨酯硬泡板材	48	0.0200	—	—	—	—	平均温度 10℃
	天然油酯型聚氨酯硬泡喷涂	44	0.0220	—	—	—	—	平均温度 10℃
	硬质发泡聚氨酯	64	0.0207	—	—	—	—	平均温度 10℃
	喷涂硬泡聚氨酯	56	0.0183	—	—	—	—	平均温度 25℃
	酚醛泡沫	62	0.0320	—	—	—	—	平均温度 10℃
	酚醛泡沫	64	0.0354	—	—	—	—	平均温度 10℃
	酚醛泡沫	79	0.0353	—	—	—	—	平均温度 10℃

续表

类别	样品名称(编号)	密度 ρ (kg/m^3)	导热系数 λ [W/(m·K)]	蓄热系数 S_{24} [W/(m²·K)]	导温系数 $a\times10^3$ (m^2/h)	比热容 c [kJ/(kg·℃)]	重量含水率 ω_z(%)	测试条件
保温材料	酚醛泡沫	55	0.0312	—	—	—	—	平均温度 25℃
	酚醛泡沫	—	0.0436	—	—	—	—	平均温度 25℃
	酚醛泡沫	40	0.0198	—	—	—	—	平均温度 9℃
	酚醛泡沫保温材料	60	0.0250	—	—	—	—	平均温度 10℃
	泡沫酚醛保温材料	80	0.0280	—	—	—	—	平均温度 20℃
	泡沫酚醛保温材料	120	0.0330	—	—	—	—	平均温度 20℃
	泡沫酚醛保温材料	40	0.0192	—	—	—	—	平均温度 20℃
	泡沫酚醛保温材料	40	0.0178	—	—	—	—	平均温度 10℃
	酚醛泡沫保温材料	36	0.0176	—	—	—	—	平均温度 10℃
	酚醛泡沫保温材料	58	0.0255	—	—	—	—	平均温度 10℃
	酚醛泡沫保温材料	58	0.0266	—	—	—	—	平均温度 20℃
	发泡酚醛树脂墙芯板	38	0.0328	—	—	—	—	平均温度 10℃
	发泡酚醛树脂墙芯板	88	0.0388	—	—	—	—	平均温度 10℃
	酚醛泡沫板	40	0.0330	—	—	—	—	平均温度 10℃

续表

类别	样品名称(编号)	密度 ρ (kg/m^3)	导热系数 λ [$W/(m \cdot K)$]	蓄热系数 S_{24} [$W/(m^2 \cdot K)$]	导温系数 $a \times 10^3$ (m^2/h)	比热容 c [$kJ/(kg \cdot ℃)$]	重量含水率 ω_z(%)	测试条件
保温材料	酚醛泡沫板	31	0.0200	—	—	—	—	平均温度 10℃
	硬质酚醛泡沫绝热制品	28	0.0320	—	—	—	—	平均温度 25℃
	酚醛泡沫保温材料	59	0.0299	—	—	—	—	平均温度 9℃
	酚醛复合保温板	66	0.0360	—	—	—	—	平均温度 10℃
	泡沫玻璃	132	0.0542	—	—	—	—	平均温度 35℃
	泡沫玻璃	118	0.0422	—	—	—	—	平均温度 0℃
	泡沫玻璃	118	0.0438	—	—	—	—	平均温度 10℃
	泡沫玻璃	118	0.0460	—	—	—	—	平均温度 35℃
	胶粉聚苯颗粒保温浆料	227	0.0572	6.12				
	胶粉聚苯颗粒保温浆料	392	0.0818	—	—	—	—	平均温度 10℃
	胶粉聚苯颗粒保温浆料	204	0.0508	—	—	—	0	平均温度 25℃
	胶粉聚苯颗粒保温浆料	172	0.0424	—	—	—	0	平均温度 25℃
	胶粉聚苯颗粒保温浆料	173	0.0482	—	—	—	0	平均温度 25℃
	胶粉聚苯颗粒保温浆料	173	0.0437	—	—	—	0	平均温度 25℃

续表

类别	样品名称(编号)	密度 ρ (kg/m^3)	导热系数 λ [$W/(m \cdot K)$]	蓄热系数 S_{24} [$W/(m^2 \cdot K)$]	导温系数 $a \times 10^3$ (m^2/h)	比热容 c [$kJ/(kg \cdot ℃)$]	重量含水率 ω_z(%)	测试条件
保温材料	胶粉聚苯颗粒保温浆料	176	0.0442	—	—	—	0	平均温度 25℃
	胶粉聚苯颗粒保温浆料	181	0.0500	—	—	—	0	平均温度 25℃
	胶粉聚苯颗粒保温浆料	184	0.0479	—	—	—	0	平均温度 25℃
	胶粉聚苯颗粒保温浆料	185	0.0510	—	—	—	0	平均温度 25℃
	胶粉聚苯颗粒保温浆料	189	0.0437	—	—	—	0	平均温度 25℃
	胶粉聚苯颗粒保温浆料	190	0.0451	—	—	—	0	平均温度 25℃
	胶粉聚苯颗粒保温浆料	195	0.0519	—	—	—	0	平均温度 25℃
	胶粉聚苯颗粒保温浆料	228	0.0512	—	—	—	0	平均温度 25℃
	胶粉聚苯颗粒保温浆料	262	0.0650	—	—	—	0	平均温度 25℃
	胶粉聚苯颗粒保温浆料	279	0.0673	—	—	—	0	平均温度 25℃
	胶粉聚苯颗粒保温浆料	289	0.0704	—	—	—	0	平均温度 25℃
	胶粉聚苯颗粒保温浆料	296	0.0605	—	—	—	0	平均温度 25℃
	胶粉聚苯颗粒保温浆料	302	0.0723	—	—	—	0	平均温度 25℃
	胶粉聚苯颗粒保温浆料	316	0.0737	—	—	—	0	平均温度 25℃

续表

类别	样品名称(编号)	密度 ρ (kg/m³)	导热系数 λ [W/(m·K)]	蓄热系数 S_{24} [W/(m²·K)]	导温系数 $a\times10^3$ (m²/h)	比热容 c [kJ/(kg·℃)]	重量含水率 ω_z(%)	测试条件
保温材料	胶粉聚苯颗粒保温浆料	322	0.0767	—	—	—	0	平均温度 25℃
	胶粉聚苯颗粒保温浆料	345	0.0809	—	—	—	0	平均温度 25℃
	胶粉聚苯颗粒保温浆料	368	0.0875	—	—	—	0	平均温度 25℃
	胶粉聚苯颗粒保温浆料	378	0.0933	—	—	—	0	平均温度 25℃
	胶粉聚苯颗粒保温浆料	379	0.0919	—	—	—	0	平均温度 25℃
	胶粉聚苯颗粒保温浆料	379	0.0967	—	—	—	0	平均温度 25℃
	胶粉聚苯颗粒保温浆料	380	0.0910	—	—	—	0	平均温度 25℃
	胶粉聚苯颗粒保温浆料	390	0.0926	—	—	—	0	平均温度 25℃
	胶粉聚苯颗粒保温浆料	392	0.0984	—	—	—	0	平均温度 25℃
	胶粉聚苯颗粒保温浆料	393	0.0953	—	—	—	0	平均温度 25℃
	胶粉聚苯颗粒保温浆料	396	0.0910	—	—	—	0	平均温度 25℃
	胶粉聚苯颗粒保温浆料	397	0.0939	—	—	—	0	平均温度 25℃
	胶粉聚苯颗粒保温浆料	398	0.0937	—	—	—	0	平均温度 25℃
	胶粉聚苯颗粒保温浆料	403	0.0950	—	—	—	0	平均温度 25℃

续表

类别	样品名称(编号)	密度 ρ (kg/m^3)	导热系数 λ [$W/(m \cdot K)$]	蓄热系数 S_{24} [$W/(m^2 \cdot K)$]	导温系数 $a \times 10^3$ (m^2/h)	比热容 c [$kJ/(kg \cdot ℃)$]	重量含水率 ω_z(%)	测试条件
保温材料	胶粉聚苯颗粒保温浆料	406	0.0942	—	—	—	0	平均温度 25℃
	胶粉聚苯颗粒保温浆料	176	0.0479	—	—	—	0	平均温度 8℃
	胶粉聚苯颗粒保温浆料	239	0.0581	—	—	—	5	平均温度 25℃
	胶粉聚苯颗粒保温浆料	275	0.0720	—	—	—	5	平均温度 25℃
	胶粉聚苯颗粒保温浆料	317	0.0748	—	—	—	5	平均温度 25℃
	胶粉聚苯颗粒保温浆料	338	0.0829	—	—	—	5	平均温度 25℃
	胶粉聚苯颗粒保温浆料	362	0.0882	—	—	—	5	平均温度 25℃
	胶粉聚苯颗粒保温浆料	386	0.0988	—	—	—	5	平均温度 25℃
	胶粉聚苯颗粒保温浆料	412	0.1040	—	—	—	5	平均温度 25℃
	胶粉聚苯颗粒保温浆料	426	0.1000	—	—	—	5	平均温度 25℃
	胶粉聚苯颗粒保温浆料	250	0.0657	—	—	—	10	平均温度 25℃
	胶粉聚苯颗粒保温浆料	288	0.0775	—	—	—	10	平均温度 25℃
	胶粉聚苯颗粒保温浆料	332	0.0887	—	—	—	10	平均温度 25℃
	胶粉聚苯颗粒保温浆料	354	0.0948	—	—	—	10	平均温度 25℃

续表

类别	样品名称(编号)	密度 ρ (kg/m^3)	导热系数 λ [W/(m·K)]	蓄热系数 S_{24} [$W/(m^2·K)$]	导温系数 $a\times10^3$ (m^2/h)	比热容 c [kJ/(kg·℃)]	重量含水率 ω_z(%)	测试条件
保温材料	胶粉聚苯颗粒保温浆料	379	0.0980	—	—	—	10	平均温度 25℃
	胶粉聚苯颗粒保温浆料	404	0.1070	—	—	—	10	平均温度 25℃
	胶粉聚苯颗粒保温浆料	431	0.1180	—	—	—	10	平均温度 25℃
	胶粉聚苯颗粒保温浆料	447	0.1220	—	—	—	10	平均温度 25℃
	胶粉聚苯颗粒保温浆料	262	0.0775	—	—	—	15	平均温度 25℃
	胶粉聚苯颗粒保温浆料	301	0.0938	—	—	—	15	平均温度 25℃
	胶粉聚苯颗粒保温浆料	347	0.0985	—	—	—	15	平均温度 25℃
	胶粉聚苯颗粒保温浆料	370	0.1030	—	—	—	15	平均温度 25℃
	胶粉聚苯颗粒保温浆料	397	0.1160	—	—	—	15	平均温度 25℃
	胶粉聚苯颗粒保温浆料	423	0.1230	—	—	—	15	平均温度 25℃
	胶粉聚苯颗粒保温浆料	451	0.1260	—	—	—	15	平均温度 25℃
	胶粉聚苯颗粒保温浆料	467	0.1300	—	—	—	15	平均温度 25℃
	胶粉聚苯颗粒保温浆料	274	0.0804	—	—	—	20	平均温度 25℃
	胶粉聚苯颗粒保温浆料	314	0.0985	—	—	—	20	平均温度 25℃

续表

类别	样品名称(编号)	密度 ρ (kg/m³)	导热系数 λ [W/(m·K)]	蓄热系数 S_{24} [W/(m²·K)]	导温系数 $a\times10^3$ (m²/h)	比热容 c [kJ/(kg·℃)]	重量含水率 ω_z(%)	测试条件
保温材料	胶粉聚苯颗粒保温浆料	362	0.1040	—	—	—	20	平均温度 25℃
	胶粉聚苯颗粒保温浆料	386	0.1090	—	—	—	20	平均温度 25℃
	胶粉聚苯颗粒保温浆料	414	0.1210	—	—	—	20	平均温度 25℃
	胶粉聚苯颗粒保温浆料	442	0.1300	—	—	—	20	平均温度 25℃
	胶粉聚苯颗粒保温浆料	470	0.1410	—	—	—	20	平均温度 25℃
	胶粉聚苯颗粒保温浆料	487	0.1420	—	—	—	20	平均温度 25℃
	胶粉聚苯颗粒屋面保温材料	208	0.0573	—	—	—	—	平均温度 12℃
	气凝胶保温材料	255	0.0490	—	—	—	—	平均温度 10℃
	气凝胶保温材料	579	0.1050	—	—	—	—	平均温度 10℃
	保温砂浆	292	0.0648	—	—	—	—	平均温度 10℃
	保温砂浆	449	0.084	—	—	—	—	平均温度 20℃
	保温浆料	477	0.0963	—	—	—	—	平均温度 10℃
	无机活性墙体保温浆料	315	0.0669	—	—	—	—	平均温度 10℃
	无机活性墙体保温浆料	220	0.0520	—	—	—	—	平均温度 10℃

续表

类别	样品名称(编号)	密度 ρ (kg/m^3)	导热系数 λ [$W/(m \cdot K)$]	蓄热系数 S_{24} [$W/(m^2 \cdot K)$]	导温系数 $a \times 10^3$ (m^2/h)	比热容 c [$kJ/(kg \cdot ℃)$]	重量含水率 ω_z(%)	测试条件
保温材料	水泥发泡体	220	0.0599	—	—	—	—	平均温度 20℃
	水泥发泡体	338	0.0910	—	—	—	—	平均温度 20℃
	水泥发泡体	441	0.1106	—	—	—	—	平均温度 20℃
	水泥发泡体	519	0.1361	—	—	—	—	平均温度 20℃
	水泥发泡体	628	0.1607	—	—	—	—	平均温度 20℃
	发泡水泥	375	0.0884	—	—	—	—	平均温度 10℃
	发泡水泥芯材	165	0.0530	—	—	—	—	平均温度 10℃
	发泡水泥芯材	213	0.0576	—	—	—	—	平均温度 10℃
	发泡水泥芯材	244	0.0711	—	—	—	—	平均温度 10℃
	发泡水泥芯材	235	0.0634	—	—	—	—	平均温度 10℃
	发泡水泥芯材	173	0.0563	—	—	—	—	平均温度 10℃
	发泡水泥芯材	212	0.0566	—	—	—	—	平均温度 10℃
	发泡水泥芯材	221	0.0594	—	—	—	—	平均温度 10℃
	发泡水泥芯材	255	0.0674	—	—	—	—	平均温度 10℃

续表

类别	样品名称(编号)	密度 ρ (kg/m^3)	导热系数 λ [W/(m·K)]	蓄热系数 S_{24} [$W/(m^2 \cdot K)$]	导温系数 $a \times 10^3$ (m^2/h)	比热容 c [kJ/(kg·℃)]	重量含水率 ω_z(%)	测试条件
保温材料	发泡水泥芯材	237	0.0670	—	—	—	—	平均温度 10℃
	发泡水泥芯材	240	0.0718	—	—	—	—	平均温度 10℃
	发泡水泥芯材	314	0.0752	—	—	—	—	平均温度 25℃
	发泡水泥芯材	334	0.0807	—	—	—	—	平均温度 24℃
	发泡水泥芯材	272	0.0643	—	—	—	—	平均温度 25℃
	发泡水泥芯材	298	0.0661	—	—	—	—	平均温度 25℃
	复合硅酸盐保温材料	45	0.0389	10.31	—	—	—	—
	复合硅酸铝镁保温材料	93	0.0429	—	—	—	—	平均温度 10℃
	复合硅酸铝镁保温材料	80	0.0438	—	—	—	—	平均温度 10℃
	复合硅酸盐板	38	0.0508	—	—	—	—	平均温度 70℃
	复合硅酸盐板	47	0.0516	—	—	—	—	平均温度 70℃
	无机纤维喷涂层	53	0.0373	—	—	—	—	平均温度 20℃
	植物纤维声学材料	188	0.0562	—	—	—	—	平均温度 10℃
	玻璃微纤维绝热纸	—	0.0328	11.19-12	—	—	—	平均温度 35℃

续表

类别	样品名称(编号)	密度 ρ (kg/m³)	导热系数 λ [W/(m·K)]	蓄热系数 S_{24} [W/(m²·K)]	导温系数 $a\times10^3$ (m²/h)	比热容 c [kJ/(kg·℃)]	重量含水率 ω_z(%)	测试条件
保温材料	玻璃微纤维绝热纸	—	0.0345	—	—	—	—	平均温度 70℃
	玻璃微纤维绝热纸	—	0.0360	—	—	—	—	平均温度 100℃
	保温喷涂棉	49	0.0326	—	—	—	—	平均温度 20℃
	无机纤维喷涂层	133	0.0380	—	—	—	—	平均温度 25℃
	无机纤维喷涂层	129	0.0377	—	—	—	—	平均温度 25℃
	无机纤维喷涂层	45	0.0340	—	—	—	—	平均温度 20℃
	无机纤维喷涂层	45	0.0324	—	—	—	—	平均温度 25℃
	橡塑海绵	48	0.0340	—	—	—	—	平均温度 40℃
	橡塑海绵	58	0.0386	—	—	—	—	平均温度 40℃
	橡塑海绵	60	0.0420	—	—	—	—	平均温度 40℃
	橡塑海绵	46	0.0325	—	—	—	—	平均温度 40℃
	橡塑保温板	44	0.0334	—	—	—	—	平均温度 40℃
	橡塑保温板	50	0.0419	—	—	—	—	平均温度 40℃
	橡塑保温板	48	0.0415	—	—	—	—	平均温度 40℃

续表

类别	样品名称(编号)	密度 ρ (kg/m^3)	导热系数 λ [W/(m·K)]	蓄热系数 S_{24} [$W/(m^2 \cdot K)$]	导温系数 $a \times 10^3$ (m^2/h)	比热容 c [kJ/(kg·℃)]	重量含水率 ω_z(%)	测试条件
保温材料	橡塑保温板	52	0.0370	—	—	—	—	平均温度 40℃
	橡塑保温板	53	0.0392	—	—	—	—	平均温度 40℃
	橡塑保温板	52	0.0420	—	—	—	—	平均温度 25℃
	橡塑保温板	51	0.0362	—	—	—	—	平均温度 40℃
	橡塑保温板	42	0.0360	—	—	—	—	平均温度 40℃
	橡塑保温板	39	0.0355	—	—	—	—	平均温度 40℃
	橡塑管	57	0.0357	—	—	—	—	平均温度 40℃
	玻化微珠保温浆料	245	0.0661	—	—	—	0	平均温度 25℃
	玻化微珠保温浆料	264	0.0653	—	—	—	0	平均温度 25℃
	玻化微珠保温浆料	272	0.0691	—	—	—	0	平均温度 25℃
	玻化微珠保温浆料	324	0.0757	—	—	—	0	平均温度 25℃
	玻化微珠保温浆料	336	0.0808	—	—	—	0	平均温度 25℃
	玻化微珠保温浆料	361	0.0757	—	—	—	0	平均温度 25℃
	玻化微珠保温浆料	361	0.0699	—	—	—	0	平均温度 25℃

续表

类别	样品名称(编号)	密度 ρ (kg/m^3)	导热系数 λ $[W/(m \cdot K)]$	蓄热系数 S_{24} $[W/(m^2 \cdot K)]$	导温系数 $a \times 10^3$ (m^2/h)	比热容 c $[kJ/(kg \cdot ℃)]$	重量含水率 ω_z(%)	测试条件
保温材料	玻化微珠保温浆料	369	0.0844	—	—	—	0	平均温度 25℃
	玻化微珠保温浆料	374	0.0839	—	—	—	0	平均温度 25℃
	玻化微珠保温浆料	383	0.0891	—	—	—	0	平均温度 25℃
	玻化微珠保温浆料	384	0.0871	—	—	—	0	平均温度 25℃
	玻化微珠保温浆料	399	0.0835	—	—	—	0	平均温度 25℃
	玻化微珠保温浆料	465	0.0924	—	—	—	0	平均温度 25℃
	玻化微珠保温浆料	466	0.0922	—	—	—	0	平均温度 25℃
	玻化微珠保温浆料	717	0.1682	—	—	—	0	平均温度 25℃
	玻化微珠保温浆料	724	0.1851	—	—	—	0	平均温度 25℃
	玻化微珠保温浆料	276	0.0821	—	—	—	5	平均温度 25℃
	玻化微珠保温浆料	284	0.0914	—	—	—	5	平均温度 25℃
	玻化微珠保温浆料	330	0.0951	—	—	—	5	平均温度 25℃
	玻化微珠保温浆料	366	0.1139	—	—	—	5	平均温度 25℃
	玻化微珠保温浆料	368	0.1246	—	—	—	5	平均温度 25℃

续表

类别	样品名称(编号)	密度 ρ (kg/m^3)	导热系数 λ [W/(m·K)]	蓄热系数 S_{24} [W/(m^2·K)]	导温系数 $a\times10^3$ (m^2/h)	比热容 c [kJ/(kg·℃)]	重量含水率 ω_z(%)	测试条件
保温材料	玻化微珠保温浆料	384	0.0907	—	—	—	5	平均温度 25℃
	玻化微珠保温浆料	403	0.1218	—	—	—	5	平均温度 25℃
	玻化微珠保温浆料	408	0.0998	—	—	—	5	平均温度 25℃
	玻化微珠保温浆料	428	0.1320	—	—	—	5	平均温度 25℃
	玻化微珠保温浆料	445	0.1438	—	—	—	5	平均温度 25℃
	玻化微珠保温浆料	491	0.1329	—	—	—	5	平均温度 25℃
	玻化微珠保温浆料	492	0.1388	—	—	—	5	平均温度 25℃
	玻化微珠保温浆料	776	0.2138	—	—	—	5	平均温度 25℃
	玻化微珠保温浆料	796	0.2424	—	—	—	5	平均温度 25℃
	玻化微珠保温浆料	286	0.1004	—	—	—	10	平均温度 25℃
	玻化微珠保温浆料	296	0.1140	—	—	—	10	平均温度 25℃
	玻化微珠保温浆料	329	0.1089	—	—	—	10	平均温度 25℃
	玻化微珠保温浆料	347	0.1021	—	—	—	10	平均温度 25℃
	玻化微珠保温浆料	385	0.1224	—	—	—	10	平均温度 25℃

续表

类别	样品名称(编号)	密度 ρ (kg/m^3)	导热系数 λ [W/(m·K)]	蓄热系数 S_{24} [W/(m^2·K)]	导温系数 $a\times10^3$ (m^2/h)	比热容 c [kJ/(kg·℃)]	重量含水率 ω_z(%)	测试条件
保温材料	玻化微珠保温浆料	402	0.1212	—	—	—	10	平均温度 25℃
	玻化微珠保温浆料	403	0.1301	—	—	—	10	平均温度 25℃
	玻化微珠保温浆料	424	0.1521	—	—	—	10	平均温度 25℃
	玻化微珠保温浆料	432	0.1194	—	—	—	10	平均温度 25℃
	玻化微珠保温浆料	449	0.1320	—	—	—	10	平均温度 25℃
	玻化微珠保温浆料	464	0.1438	—	—	—	10	平均温度 25℃
	玻化微珠保温浆料	509	0.1525	—	—	—	10	平均温度 25℃
	玻化微珠保温浆料	522	0.1738	—	—	—	10	平均温度 25℃
	玻化微珠保温浆料	829	0.2653	—	—	—	10	平均温度 25℃
	玻化微珠保温浆料	830	0.2638	—	—	—	10	平均温度 25℃
	玻化微珠保温浆料	298	0.1077	—	—	—	15	平均温度 25℃
	玻化微珠保温浆料	310	0.1221	—	—	—	15	平均温度 25℃
	玻化微珠保温浆料	345	0.1157	—	—	—	15	平均温度 25℃
	玻化微珠保温浆料	362	0.1033	—	—	—	15	平均温度 25℃

续表

类别	样品名称(编号)	密度 ρ (kg/m^3)	导热系数 λ [W/(m·K)]	蓄热系数 S_{24} [$W/(m^2 \cdot K)$]	导温系数 $a \times 10^3$ (m^2/h)	比热容 c [kJ/(kg·℃)]	重量含水率 ω_z(%)	测试条件
保温材料	玻化微珠保温浆料	398	0.1407	—	—	—	15	平均温度 25℃
	玻化微珠保温浆料	401	0.1270	—	—	—	15	平均温度 25℃
	玻化微珠保温浆料	419	0.1230	—	—	—	15	平均温度 25℃
	玻化微珠保温浆料	443	0.1613	—	—	—	15	平均温度 25℃
	玻化微珠保温浆料	447	0.1343	—	—	—	15	平均温度 25℃
	玻化微珠保温浆料	468	0.1378	—	—	—	15	平均温度 25℃
	玻化微珠保温浆料	489	0.1482	—	—	—	15	平均温度 25℃
	玻化微珠保温浆料	537	0.1584	—	—	—	15	平均温度 25℃
	玻化微珠保温浆料	544	0.183	—	—	—	15	平均温度 25℃
	玻化微珠保温浆料	863	0.3035	—	—	—	15	平均温度 25℃
	玻化微珠保温浆料	867	0.3003	—	—	—	15	平均温度 25℃
	玻化微珠保温浆料	306	0.1256	—	—	—	20	平均温度 25℃
	玻化微珠保温浆料	316	0.119	—	—	—	20	平均温度 25℃

续表

类别	样品名称(编号)	密度 ρ (kg/m^3)	导热系数 λ [W/(m·K)]	蓄热系数 S_{24} [$W/(m^2·K)$]	导温系数 $a\times10^3$ (m^2/h)	比热容 c [kJ/(kg·℃)]	重量含水率 ω_z(%)	测试条件
保温材料	玻化微珠保温浆料	323	0.1301	—	—	—	20	平均温度25℃
	玻化微珠保温浆料	377	0.1109	—	—	—	20	平均温度25℃
	玻化微珠保温浆料	415	0.1584	—	—	—	20	平均温度25℃
	玻化微珠保温浆料	417	0.1359	—	—	—	20	平均温度25℃
	玻化微珠保温浆料	441	0.1697	—	—	—	20	平均温度25℃
	玻化微珠保温浆料	462	0.1698	—	—	—	20	平均温度25℃
	玻化微珠保温浆料	474	0.1504	—	—	—	20	平均温度25℃
	玻化微珠保温浆料	486	0.1648	—	—	—	20	平均温度25℃
	玻化微珠保温浆料	503	0.1702	—	—	—	20	平均温度25℃
	玻化微珠保温浆料	556	0.1891	—	—	—	20	平均温度25℃
	玻化微珠保温浆料	563	0.1907	—	—	—	20	平均温度25℃
	玻化微珠保温浆料	897	0.3002	—	—	—	20	平均温度25℃
	玻化微珠保温浆料	913	0.3234	—	—	—	20	平均温度25℃

续表

类别	样品名称(编号)	密度 ρ (kg/m^3)	导热系数 λ [$W/(m \cdot K)$]	蓄热系数 S_{24} [$W/(m^2 \cdot K)$]	导温系数 $a \times 10^3$ (m^2/h)	比热容 c [$kJ/(kg \cdot ℃)$]	重量含水率 ω_z(%)	测试条件
玻璃	玻璃钢	500	0.163	2.22	1.40	0.84	—	常温
	有机玻璃	1188	0.198	—	—	—	—	常温
	玻璃钢	1780	0.500	—	—	—	—	常温
	玻璃砖	2500	0.813	11.07	1.40	0.84	—	常温
	平板玻璃	2500	0.755	10.69	1.30	0.84	—	常温
	光学玻璃	2542	0.930	11.50	1.70	0.79	—	常温
	石英玻璃	2210	0.709	—	—	—	—	−180℃
	石英玻璃	2210	1.348	—	—	—	—	0℃
	石英玻璃	2210	1.418	—	—	—	—	100℃
	石英玻璃	2210	1.487	—	—	—	—	200℃
	石英玻璃	2210	1.604	—	—	—	—	300℃
	石英玻璃	2210	2.719	—	—	—	—	1000℃
	石英玻璃	2210	3.044	—	—	—	—	1200℃

续表

类别	样品名称(编号)	密度 ρ (kg/m³)	导热系数 λ [W/(m·K)]	蓄热系数 S_{24} [W/(m²·K)]	导温系数 $a\times10^3$ (m²/h)	比热容 c [kJ/(kg·℃)]	重量含水率 ω_z(%)	测试条件
砂浆	石灰矿渣抹灰	1200	0.465	5.66	1.76	0.79	—	常温
	水泥矿渣砂浆	1200	0.523	6.16	1.88	0.84	—	常温
	水泥矿渣砂浆	1400	0.639	7.38	1.96	0.84	—	常温
	黏土矿渣抹灰	1300	0.523	7.09	1.82	0.79	—	常温
	石灰石膏灰浆	1400	0.697	7.55	2.14	0.84	—	常温
	石灰砂浆	1600	0.813	8.86	1.19	0.84	—	常温
	混合砂浆	1700	0.872	9.46	2.21	0.84	—	常温
	水泥砂浆	1990	0.999	10.93	2.17	0.84	—	常温
	600级陶砂砂浆	983	0.236	4.37	—	—		平均温度10℃
	600级陶砂砂浆	959	0.274	4.56				平均温度10℃
砂、土壤、岩石	石英砂	930	0.209	3.43	1.00	0.20	—	常温
	干砂	1370	0.244	—	—	—	—	常温
	细砂	1498	0.256	—	—	—	—	常温
	标准砂	1580	0.267	—	—	—	—	20℃

续表

类别	样品名称(编号)	密度 ρ (kg/m^3)	导热系数 λ [$W/(m\cdot K)$]	蓄热系数 S_{24} [$W/(m^2\cdot K)$]	导温系数 $a\times10^3$ (m^2/h)	比热容 c [kJ/(kg·℃)]	重量含水率 ω_z(%)	测试条件
砂、土壤、岩石	标准砂	1580	0.291	—	—	—	—	40℃
	标准砂	1580	0.325	—	—	—	—	80℃
	河砂	1674	1.383	—	—	—	—	常温
	河砂	1730	1.522	—	—	—	—	常温
	草炭亚黏土	520	0.128	2.90	0.50	1.76	30	融土
	草炭亚黏土	600	0.186	4.15	0.52	2.13	50	融土
	草炭亚黏土	520	0.128	2.61	0.62	1.42	30	冻土
	草炭亚黏土	600	0.221	3.69	0.92	1.42	50	冻土
	草炭亚黏土	780	0.221	4.73	0.57	1.80	30	融土
	草炭亚黏土	900	0.314	6.47	0.61	2.05	50	融土
	草炭亚黏土	780	0.221	4.08	0.76	1.34	30	冻土
	草炭亚黏土	900	0.418	6.31	1.15	1.46	50	冻土
	草炭亚黏土	1040	0.325	6.47	0.65	1.71	30	融土
	草炭亚黏土	1200	0.476	9.20	0.7	2.05	50	融土

续表

类别	样品名称(编号)	密度 ρ (kg/m^3)	导热系数 λ [W/(m·K)]	蓄热系数 S_{24} [$W/(m^2 \cdot K)$]	导温系数 $a \times 10^3$ (m^2/h)	比热容 c [kJ/(kg·℃)]	重量含水率 ω_z(%)	测试条件
砂、土壤、岩石	草炭亚黏土	1040	0.372	6.20	0.94	1.38	30	冻土
	草炭亚黏土	1200	0.686	9.33	1.41	1.46	50	冻土
	亚黏土	1260	0.256	4.83	0.73	1.00	5	融土
	亚黏土	1320	0.430	6.81	1.02	1.13	10	融土
	亚黏土	1380	0.581	8.53	1.19	1.25	15	融土
	亚黏土	1260	0.256	4.73	0.76	0.96	5	冻土
	亚黏土	1320	0.407	6.37	1.04	1.05	10	冻土
	亚黏土	1380	0.581	7.93	1.37	1.09	15	冻土
	亚黏土	1470	0.360	6.19	0.87	1.00	5	融土
	亚黏土	1540	0.593	8.63	1.22	1.13	10	融土
	亚黏土	1610	0.837	11.23	1.46	1.30	15	融土
	亚黏土	1470	0.349	5.97	0.90	0.96	5	冻土
	亚黏土	1540	0.558	8.21	1.22	1.09	10	冻土
	亚黏土	1610	0.790	10.19	1.58	1.13	15	冻土

续表

类别	样品名称(编号)	密度 ρ (kg/m^3)	导热系数 λ [W/(m·K)]	蓄热系数 S_{24} [W/(m^2·K)]	导温系数 $a\times10^3$ (m^2/h)	比热容 c [kJ/(kg·℃)]	重量含水率 ω_z(%)	测试条件
砂、土壤、岩石	亚黏土	1680	0.465	7.53	1.01	1.00	5	融土
	亚黏土	1760	0.779	10.57	1.40	1.13	10	融土
	亚黏土	1840	1.116	13.64	1.72	1.25	15	融土
	亚黏土	1680	0.465	7.36	1.05	0.96	5	冻土
	亚黏土	1760	0.744	10.14	1.42	1.09	10	冻土
	亚黏土	1840	1.023	12.15	1.81	1.09	15	冻土
	碎石亚黏土	1236	0.232	4.37	0.72	0.92	3	融土
	碎石亚黏土	1284	0.337	5.72	0.91	1.05	7	融土
	碎石亚黏土	1320	0.430	6.81	1.03	1.13	10	融土
	碎石亚黏土	1284	0.372	5.63	1.15	0.92	7	冻土
	碎石亚黏土	1320	0.523	6.77	1.52	0.92	10	冻土
	碎石亚黏土	1648	0.465	7.30	1.07	0.96	3	融土
	碎石亚黏土	1712	0.686	9.41	1.38	1.05	7	融土
	碎石亚黏土	1760	0.895	11.34	1.61	1.13	10	融土

续表

类别	样品名称(编号)	密度 ρ (kg/m^3)	导热系数 λ [$W/(m\cdot K)$]	蓄热系数 S_{24} [$W/(m^2\cdot K)$]	导温系数 $a\times10^3$ (m^2/h)	比热容 c [$kJ/(kg\cdot ℃)$]	重量含水率 ω_z(%)	测试条件
砂、土壤、岩石	碎石亚黏土	1712	0.744	9.20	1.73	0.92	7	冻土
	碎石亚黏土	1760	0.999	10.84	2.20	0.92	10	冻土
	碎石亚黏土	1854	0.604	8.63	1.25	0.92	3	融土
	碎石亚黏土	1926	0.918	11.56	1.62	1.05	7	融土
	碎石亚黏土	1980	1.174	13.77	1.87	1.13	10	融土
	碎石亚黏土	1926	0.976	10.92	2.03	0.88	7	冻土
	碎石亚黏土	1980	1.313	13.14	2.56	0.92	10	冻土
	黄土	880	0.941	8.36	0.34	1.17	—	常温
	填土	1160	0.744	8.84	1.85	1.25	—	常温
	菱苦土	1374	0.523	8.46	0.47	1.38	—	常温
	矽灰土	1385	0.383	6.20	1.01	1.00	0	常温
	矽灰土	1430	0.465	7.23	1.08	1.09	3.1	常温
	矽灰土	1580	0.453	7.35	0.99	1.05	0	常温
	矽灰土	1630	0.662	9.21	1.32	1.09	3.1	常温

续表

类别	样品名称(编号)	密度 ρ (kg/m³)	导热系数 λ [W/(m·K)]	蓄热系数 S_{24} [W/(m²·K)]	导温系数 $a\times10^3$ (m²/h)	比热容 c [kJ/(kg·℃)]	重量含水率 ω_z(%)	测试条件
砂、土壤、岩石	砂土	1420	0.593	9.56	1.00	1.51	5	12℃
	砂土	1755	1.499	17.17	2.00	1.55	42	11.7℃
	砂土	1975	1.383	15.73	2.00	1.25	28	8.8℃
	砾砂	1428	0.418	6.01	1.23	0.84	2	融土
	砾砂	1484	0.964	10.19	2.36	1.00	6	融土
	砾砂	1540	1.174	11.92	2.48	1.09	10	融土
	砾砂	1428	0.488	6.16	1.62	0.75	2	冻土
	砾砂	1484	1.139	9.85	3.42	0.79	6	冻土
	砾砂	1540	1.429	11.54	3.91	0.84	10	冻土
	砾砂	1632	0.616	7.98	1.56	0.88	2	融土
	砾砂	1696	1.278	12.53	2.74	1.00	6	融土
	砾砂	1760	1.487	14.33	2.75	1.09	10	融土
	砾砂	1632	0.732	8.06	2.13	0.75	2	冻土
	砾砂	1696	1.604	12.49	4.21	0.79	6	冻土

续表

类别	样品名称(编号)	密度 ρ (kg/m^3)	导热系数 λ [$W/(m\cdot K)$]	蓄热系数 S_{24} [$W/(m^2\cdot K)$]	导温系数 $a\times10^3$ (m^2/h)	比热容 c [$kJ/(kg\cdot ℃)$]	重量含水率 ω_z(%)	测试条件
砂、土壤、岩石	砾砂	1760	1.859	14.06	4.44	0.84	10	冻土
	砾砂	1836	0.953	10.54	2.17	0.88	2	融土
	砾砂	1908	1.708	15.37	3.27	1.00	6	融土
	砾砂	1980	1.917	17.26	3.17	1.09	10	融土
	砾砂	1836	1.197	10.93	3.09	0.75	2	冻土
	砾砂	1908	2.278	15.79	5.31	0.79	6	冻土
	砾砂	1980	2.615	17.68	5.56	0.84	10	冻土
	黏土	1850	1.406	18.60	1.50	1.84	32	9.4℃
	黏土	1970	1.464	16.69	2.00	1.34	29	7.7℃
	黏土	2055	1.383	14.96	2.20	1.09	24	8.8℃
	黏土夹砂	1890	1.267	17.83	1.30	1.84	23	9.7℃
	黏土夹砂	1920	1.301	18.83	1.25	1.97	27	10.6℃
	砂礓黏土	1900	1.278	14.59	2.00	1.21	26	6.5℃
	砂礓黏土	2000	1.569	17.13	2.20	1.30	22	15.5℃

续表

类别	样品名称(编号)	密度 ρ (kg/m^3)	导热系数 λ [$W/(m \cdot K)$]	蓄热系数 S_{24} [$W/(m^2 \cdot K)$]	导温系数 $a \times 10^3$ (m^2/h)	比热容 c [$kJ/(kg \cdot ℃)$]	重量含水率 ω_z(%)	测试条件
砂、土壤、岩石	砂质岩	1480	0.349	5.99	0.88	0.88	—	常温
	石灰岩	1700	0.930	10.22	2.14	0.92	—	常温
	石灰岩	2000	1.162	12.55	2.27	0.92	—	常温
	石灰岩	2723	2.150	18.47	2.52	0.79	—	常温
	流纹凝灰岩	2040	0.976	12.51	1.58	1.09	—	常温
	黄砂页岩	2500	0.732	9.73	1.47	0.71	—	常温
	大理石、花岗岩、玄武岩	2800	3.486	25.44	4.87	0.92	—	常温
	沙岩	2870	2.161	17.51	3.96	0.71	—	常温
石膏制品	泡沫石膏	1000	0.256	—	—	—	—	常温
	石膏锯末	806	0.256	3.81	1.17	0.96	—	常温
	石膏锯末	1037	0.325	4.90	1.15	1.00	—	常温
	石膏板	872	0.302	4.60	1.12	1.09	10.7	常温
	石膏板	1100	0.407	5.17	1.59	0.84	—	常温
	石膏稻草	956	0.407	4.60	2.03	0.75	—	常温

续表

类别	样品名称(编号)	密度 ρ (kg/m^3)	导热系数 λ [$W/(m \cdot K)$]	蓄热系数 S_{24} [$W/(m^2 \cdot K)$]	导温系数 $a \times 10^3$ (m^2/h)	比热容 c [$kJ/(kg \cdot ℃)$]	重量含水率 ω_z(%)	测试条件
石膏制品	石膏稻草	1550	0.616	7.27	1.86	0.75	—	常温
	石膏麦草	1060	0.302	4.72	0.41	1.55	—	常温
	石膏炉渣混凝土	1300	0.558	6.45	1.58	0.84	—	常温
石灰及制品	标底灰	576	0.139	—	—	—	2.8	常温
	1＃灰	471	0.091	—	—	—	2.5	常温
	2＃灰	476	0.087	—	—	—	2.1	常温
	3＃灰	505	0.088	—	—	—	2.1	常温
	4＃灰	518	0.093	—	—	—	2	常温
	水玻璃石灰	199	0.128	—	—	—	—	常温
	泡沫石灰	300	0.098	1.67	0.88	1.34	—	常温
	炭化泡沫石灰	425	0.116	1.72	1.18	0.88	1.7	常温
	炭化泡沫石灰	650	0.256	4.21	0.96	1.46	7.5	常温
	炭化石灰	1019	0.232	4.00	0.88	0.96	0	常温
	炭化石灰	1063	0.267	4.64	0.87	1.05	4.4	常温

续表

类别	样品名称(编号)	密度 ρ (kg/m³)	导热系数 λ [W/(m·K)]	蓄热系数 S_{24} [W/(m²·K)]	导温系数 $a\times10^3$ (m²/h)	比热容 c [kJ/(kg·℃)]	重量含水率 ω_z(%)	测试条件
石灰及制品	炭化石灰	2270	1.243	10.80	3.44	0.59	0	常温
	炉渣石灰	1585	0.790	—	—	—	—	常温
木材及其制品	红松(热流方向垂直木纹)	377	0.108	2.39	0.53	1.92	7.2	常温
	臭冷松(热流方向垂直木纹)	391	0.092	2.20	0.46	1.84	10	常温
	椴木(热流方向垂直木纹)	405	0.116	2.53	0.55	1.92	9.8	常温
	拟赤杨(热流方向垂直木纹)	421	0.105	2.38	0.50	1.80	10.8	常温
	榆木(热流方向垂直木纹)	502	0.139	2.89	0.60	1.59	9	常温
	檫木(热流方向垂直木纹)	513	0.128	13.46	0.52	1.71	16.7	常温
	檫木(热流方向垂直木纹)	716	0.256	5.44	0.57	2.22	46.7	常温
	马尾松(热流方向垂直木纹)	540	0.151	3.32	0.54	1.84	15	常温
	松和云杉(热流方向垂直木纹)	550	0.174	4.17	0.46	2.51	—	常温
	松和云杉(热流顺木纹方向)	550	0.349	5.89	0.91	2.51	—	常温
	槠木(热流方向垂直木纹)	576	0.139	2.96	0.58	1.55	7.3	常温
	水曲柳(热流方向垂直木纹)	582	0.151	3.28	0.55	1.76	13.1	常温

续表

类别	样品名称(编号)	密度 ρ (kg/m³)	导热系数 λ [W/(m·K)]	蓄热系数 S_{24} [W/(m²·K)]	导温系数 $a\times10^3$ (m²/h)	比热容 c [kJ/(kg·℃)]	重量含水率 ω_z(%)	测试条件
木材及其制品	白桦(热流方向垂直木纹)	627	0.139	3.03	0.55	1.46	6	常温
	落叶松(热流方向垂直木纹)	637	0.139	3.32	0.46	1.71	9.5	常温
	木荷(热流方向垂直木纹)	680	0.163	3.52	0.56	1.59	10	常温
	枫香(热流方向垂直木纹)	732	0.186	4.16	0.52	1.76	10.4	常温
	柞木(热流方向垂直木纹)	746	0.174	3.85	0.54	1.59	8.9	常温
	色木(热流方向垂直木纹)	776	0.198	4.01	0.63	1.42	8.9	常温
	橡树(热流方向垂直木纹)	800	0.232	5.89	0.42	2.51	—	常温
	橡树(热流方向顺木纹)	800	0.407	5.81	0.73	2.51	—	常温
	木荷(热流方向垂直木纹)	816	0.198	4.84	0.43	2.05	34.3	常温
	木屑	132	0.067	—	—	—	—	常温
	木屑	250	0.093	2.09	0.53	2.51	—	常温
	刨花(松散的)	150	0.070	1.39	0.67	2.51	—	常温
	刨花(压实的)	300	0.116	2.44	0.56	2.51	—	常温
	木纤维板	200	0.070	1.63	0.50	2.51	—	常温

续表

类别	样品名称(编号)	密度 ρ (kg/m^3)	导热系数 λ [W/(m·K)]	蓄热系数 S_{24} [$W/(m^2 \cdot K)$]	导温系数 $a\times10^3$ (m^2/h)	比热容 c [kJ/(kg·℃)]	重量含水率 ω_z(%)	测试条件
木材及其制品	木纤维板	600	0.163	4.18	0.39	2.51	—	常温
	木纤维板	1000	0.337	7.90	0.48	2.51	—	常温
	水泥刨花板	300	0.139	2.44	0.67	2.51	—	常温
	水泥刨花板	600	0.232	4.53	0.56	2.51	—	常温
	纤脲蜂窝板	317	0.151	—	—	—	—	常温
	纤脲蜂窝板填珍珠岩	341	0.128	—	—	—	—	常温
	纤脲草盒板	348	0.128	—	—	—	—	常温
	无规物刨花	328	0.116	2.25	0.70	1.84	—	常温
	无规物刨花	367	0.128	2.50	0.67	1.84	—	常温
	无规物刨花锯末	391	0.116	2.70	0.50	2.22	—	常温
	无规物刨花锯末	428	0.128	3.15	0.45	2.51	—	常温
	无规物刨花锯末	496	0.139	3.23	0.47	2.09	—	常温
	无规物刨花锯末	647	0.151	3.76	0.43	2.01	—	常温
	无规物刨花锯末	727	0.186	4.54	0.45	2.09	—	常温

续表

类别	样品名称(编号)	密度 ρ (kg/m^3)	导热系数 λ $[W/(m\cdot K)]$	蓄热系数 S_{24} $[W/(m^2\cdot K)]$	导温系数 $a\times10^3$ (m^2/h)	比热容 c $[kJ/(kg\cdot ℃)]$	重量含水率 $\omega_z(\%)$	测试条件
木材及其制品	无规物锯末	813	0.198	5.02	0.37	2.22	—	常温
	无规物锯末	852	0.221	5.12	0.46	1.97	—	常温
	木屑矽藻土保温砖	590	0.139	2.39	0.89	0.92	—	常温
	胶合板	600	0.174	4.36	0.42	2.51	—	常温
	软木屑	60	0.035	—	—	—	—	0℃
	软木屑	60	0.053	—	—	—	—	100℃
	软木屑	60	0.063	—	—	—	—	150℃
	软木屑	93	0.069	—	—	—	—	常温
	软木屑	399	0.081	2.10	0.39	1.88	—	常温
	软木	150	0.040	0.84	0.58	1.63	—	常温
	软木	190	0.049	1.08	0.53	1.76	—	常温
	软木	230	0.057	1.32	0.48	1.84	—	常温
	软木	270	0.065	1.57	0.45	1.92	—	常温
	软木	310	0.073	1.81	0.42	2.01	—	常温

续表

类别	样品名称(编号)	密度 ρ (kg/m^3)	导热系数 λ [W/(m·K)]	蓄热系数 S_{24} [$W/(m^2·K)$]	导温系数 $a\times10^3$ (m^2/h)	比热容 c [kJ/(kg·℃)]	重量含水率 ω_z(%)	测试条件
松散材料	粉煤灰	879	0.186	—	—	—	0	常温
	粉煤灰	854	0.232	—	—	—	5	常温
	粉煤灰	848	0.267	—	—	—	10	常温
	粉煤灰	858	0.407	—	—	—	15	常温
	粉煤灰	885	0.453	—	—	—	20	常温
	粉煤灰	923	0.488	—	—	—	25	常温
	粉煤灰	943	0.535	—	—	—	30	常温
	粉煤灰	978	0.569	—	—	—	35	常温
	粉煤灰	1100	0.604	—	—	—	40	常温
	粉煤灰	1153	0.697	—	—	—	45	常温
	粉煤灰	1286	0.802	—	—	—	50	常温
	陶粒	300	0.151	1.65	2.17	0.84	—	常温
	陶粒	500	0.209	2.51	1.80	0.84	—	常温
	陶粒	900	0.407	4.70	1.94	0.84	—	常温

续表

类别	样品名称(编号)	密度 ρ (kg/m^3)	导热系数 λ $[W/(m \cdot K)]$	蓄热系数 S_{24} $[W/(m^2 \cdot K)]$	导温系数 $a \times 10^3$ (m^2/h)	比热容 c $[kJ/(kg \cdot ℃)]$	重量含水率 ω_z(%)	测试条件
松散材料	水淬矿渣	336	0.098	1.43	1.21	0.88	—	常温
	水淬矿渣	712	0.139	2.32	0.93	0.75	—	常温
	水淬矿渣	930	0.151	—	—	—	0	常温
	水淬矿渣	956	0.244	—	—	—	3	常温
	水淬矿渣	893	0.244	4.11	0.91	1.09	—	常温
	水淬矿渣	1000	0.291	4.22	1.25	0.84	—	常温
	矿渣粉	1277	0.372	5.22	1.32	0.79	—	常温
	膨珠	1322	0.221	—	—	—	0	常温
	滑石粉	683	0.128	—	—	—	—	常温
	混凝土烧结矿	1456	0.186	3.87	0.6	0.75	—	常温
金属	铝	2710	202.769	—	309.00	0.84	—	0℃
	青铜	8000	63.910	—	75.00	0.38	—	20℃
	黄铜	8000	85.407	—	114.30	0.38	—	18℃
	红铜	8940	386.946	—	410.00	0.38	—	0℃

续表

类别	样品名称(编号)	密度 ρ (kg/m^3)	导热系数 λ [$W/(m \cdot K)$]	蓄热系数 S_{24} [$W/(m^2 \cdot K)$]	导温系数 $a \times 10^3$ (m^2/h)	比热容 c [$kJ/(kg \cdot ℃)$]	重量含水率 ω_z(%)	测试条件
金属	铸铁	7200	49.966	108.04	54.29	0.46	—	—
	铁(纯粹的)	7860	61.935	—	65.80	0.42	—	0℃
	金	19300	292.824	—	434.00	0.13	—	0℃
	银	10490	422.968	—	612.00	0.23	—	0℃
	铅	11350	35.092	—	87.50	0.13	—	0℃
	建筑钢	7800	58.100	120.81	58.28	0.46	—	—
	低炭钢	7850	44.737	—	44.70	0.46	—	0℃
	锌铁	7220	62.748	—	62.50	0.50	—	—
农副产品	棉花	50	0.064	0.58	2.54	1.84	—	50℃
	棉花	50	0.053	0.57	2.30	1.67	—	0℃
	棉花	50	0.043	0.46	2.27	1.38	—	−80℃
	棉花	50	0.027	0.29	2.19	0.88	—	−190℃
	棉籽	98	0.078	—	—	—	—	常温
	麦壳	52	0.063	—	—	—	—	36℃

续表

类别	样品名称(编号)	密度 ρ (kg/m^3)	导热系数 λ [$W/(m \cdot K)$]	蓄热系数 S_{24} [$W/(m^2 \cdot K)$]	导温系数 $a \times 10^3$ (m^2/h)	比热容 c [$kJ/(kg \cdot ℃)$]	重量含水率 ω_z(%)	测试条件
农副产品	麦壳	52	0.070	—	—	—	—	60℃
	无规物麦杆	323	0.096	2.27	0.47	2.30	—	常温
	无规物麦壳	401	0.139	3.43	0.43	2.80	—	常温
	青稞	73	0.066	—	—	—	—	40℃
	青稞	73	0.076	—	—	—	—	60℃
	向日葵壳	90	0.049	—	—	—	—	常温
	向日葵壳	127	0.041	—	—	—	—	常温
	向日葵壳	185	0.050	—	—	—	—	常温
	向日葵壳	240	0.066	—	—	—	—	常温
	葵花板	128	0.063	—	—	—	—	常温
	梁山牛毛草	116	0.066	0.98	1.54	1.34	—	常温
	碎枯草、大麦秸	120	0.046	0.92	0.67	2.09	—	常温
	碎枯草、大麦秸	200	0.058	1.32	0.50	2.09	—	常温
	花生壳	133	0.037	0.56	1.14	0.88	—	常温

续表

类别	样品名称(编号)	密度 ρ (kg/m^3)	导热系数 λ [W/(m·K)]	蓄热系数 S_{24} [W/(m^2·K)]	导温系数 $a\times10^3$ (m^2/h)	比热容 c [kJ/(kg·℃)]	重量含水率 ω_z(%)	测试条件
农副产品	麻黄渣	138	0.048	0.71	1.18	1.09	—	常温
	麻黄草	176	0.084	1.12	1.46	1.17	—	常温
	沥青稻壳	219	0.081	1.23	1.16	1.17	—	常温
	稻草板	300	0.105	1.82	0.86	1.46	—	常温
	菱苦土谷糠	264	0.051	0.91	0.83	0.84	—	常温
	菱苦土谷糠	321	0.066	1.14	0.89	0.84	—	常温
	海带草	474	0.074	2.23	0.29	1.97	—	常温
其他	空气	1	0.024	0.05	67.70	1.00	0	0℃
	空气	1	0.028	0.05	92.60	1.00	0	50℃
	空气	1	0.033	0.05	121.10	1.00	0	100℃
	水	1000	0.546	12.91	0.47	4.22	—	0℃
	水	988	0.651	13.93	0.57	4.18	—	50℃
	水	965	0.674	14.09	0.59	4.22	—	90℃
	冰	920	2.254	18.39	3.89	2.26	—	0℃

续表

类别	样品名称(编号)	密度 ρ (kg/m^3)	导热系数 λ [$W/(m \cdot K)$]	蓄热系数 S_{24} [$W/(m^2 \cdot K)$]	导温系数 $a \times 10^3$ (m^2/h)	比热容 c [$kJ/(kg \cdot ℃)$]	重量含水率 ω_z(%)	测试条件
其他	新下降的雪	200	0.105	1.78	0.90	2.09	—	—
	压实的雪	350	0.349	4.30	1.72	2.09	—	—
	开始融化的雪	500	0.639	6.95	2.20	2.09	—	—
	废纸屑	380	0.139	2.51	0.80	1.63	—	—
	厚纸板(1mm)	700	0.174	3.60	0.61	1.46	—	—
	厚纸板	1000	0.232	4.94	0.57	1.46	—	常温
	油毛毡	600	0.174	3.32	0.71	1.46	—	常温
	呢绒	250	0.052	—	—	—	—	常温
	橡胶板	400	0.091	—	—	—	—	50℃
	电木	1270	0.267	—	—	—	—	常温
	铸石	430	0.151	1.95	1.56	0.19	—	常温
	石腊	440	0.057	—	—	—	—	常温
	石腊	790	0.267	5.87	0.54	2.26	—	常温
	乳胶阻尼浆	414	0.103	1.78	0.88	1.05	3	常温

续表

类别	样品名称(编号)	密度 ρ (kg/m^3)	导热系数 λ [W/(m·K)]	蓄热系数 S_{24} [W/(m^2·K)]	导温系数 $a\times10^3$ (m^2/h)	比热容 c [kJ/(kg·℃)]	重量含水率 ω_z(%)	测试条件
其他	乳胶阻尼浆	427	0.114	2.04	0.81	1.09	2.6	常温
	涂脂织物	1300～1400	0.232—0.337	—	0.53	1.51	—	常温
	凡士林油	—	0.128	—	—	—	—	常温
	泡沫氧化铝	307	0.256	—	—	—	—	常温
	泡沫氧化铝	307	0.337	—	—	—	—	500℃
	泡沫氧化铝	307	0.360	—	—	—	—	800℃
	泡沫氧化铝	307	0.383	—	—	—	—	1000℃
	泡沫氧化铝	307	0.407	—	—	—	—	1200℃
	泡沫氧化铝	799	0.209	2.97	1.28	0.71	—	—
	山羊皮	400	0.057	—	—	—	—	—
	压缩胶布	1260	0.096	—	—	—	—	—

第三节　空心砖、砌块和复合板材

空心砖和空心砌块是一种可以替代实心黏土砖的新型节能墙体材料。它具有重量轻、强度高、保温隔热性能好等优点。早在上世纪初期，国外一些发达国家就已经开始研制并将混凝土小型砌块取代了普通黏土砖在建筑围护结构上应用。我国是在20世纪60~70年代开始较大量研制与应用，对我国的建筑节能起到了重要作用。

按其墙体材料及组成可分为两大类：即单一材料节能墙体与复合材料节能墙体。

一、单一材料节能墙体

此类墙体主要有承重黏土空心砖、烧结页岩多孔砖、碎砖混凝土空心砌块、焦炉渣多孔空心砌块、矿渣混凝土多孔空心砌块、火山渣混凝土多孔空心砌块、浮石混凝土空心砌块、普通混凝土空心砌块、加气混凝土砌块、粉煤灰混凝土空心砌块、煤矸石混凝土空心砌块及保温承重装饰混凝土空心砌块等。

1. 空心砖

关于空心砖，它有很多优点，材料省，重量轻，保温性能好。这里主要说它的保温机理。

空心砖砌体导热系数与其孔洞率成反比。然而在相同孔洞率条件下，空心砖的导热系数是不同的，这是因为在传热方面孔洞数量及其排列不同，会影响它的导热系数。

在传热方向上，孔洞的排列数目越多，空心砖的导热系数越小。保温性能越好。

空心砖的孔洞大小也会影响它的导热系数。那么究竟多大比较合适？当空气层厚度超过1cm时，空气层内开始出现对流换热，对流换热的强度随空气层的厚度增大而加强。因此，孔洞厚度超过1cm的大孔砖的保温性能不良。空心砖的孔形及孔洞排列也会影响其砌体导热系数。

根据我们多年的研究和测试，对承重空心砖保温性能总结几点经验：

(1) 承重空心砖孔洞的(垂直热流方向)合理厚度为1cm。

(2) 孔形以矩形孔洞最佳，圆孔最差。

(3) 孔洞应交错排列。

空心砖在多层住宅建筑中应用既可承重又能保温，是一种高效节能空心砖，至今仍然被大量应用。

2. 空心砌块

对于混凝土空心砌块的保温性能也总结出以下几点经验：

(1) 合理的孔形为矩形孔，因为热流的途径越长越好。

(2) 合理的孔洞厚度为5cm，孔洞太大保温性能下降，太小了也不节省材料。

(3) 孔洞应错开排列。

(4) 与孔洞垂直的热流方向设置孔洞可提高砌块的保温与隔热能力。

二、复合材料节能墙体

这类材料是由绝热材料与传统墙体材料(各种多孔砖和混凝土)组成的。目前常用的绝热材料主要是聚苯乙烯泡沫塑料、加气混凝土、膨胀珍珠岩、岩棉以及各种保温浆料等。

几十年来，我们曾对各种实心砖、空心砖、空心砌块和板材进行过大量测试，以下所列数据均为实测值，供读者参考。

KP1 型黏土空心砖

密度(kg/m^3)　1176

热阻(m^2·K/W)　0.56

传热系数［W/(m^2·K)］　1.41

规格型号(mm)：

240×115×90

构造做法：砌体厚 240mm，两面各抹 20mm 厚水泥砂浆

KP1 型黏土空心砖

密度(kg/m^3)　1180

热阻(m^2·K/W)　0.54

传热系数［W/(m^2·K)］　1.45

规格型号(mm)：

240×115×90

构造做法：砌体厚 240mm，两面各抹 20mm 厚水泥砂浆

页岩粉煤灰烧结承重多孔砖

密度(kg/m^3)　1442

热阻(m^2·K/W)　0.47

传热系数［W/(m^2·K)］　1.6

规格型号(mm)：

240×115×90

构造做法：砌体厚 240mm，两面各抹 20mm 厚水泥砂浆

S3 型节能烧结砖

密度(kg/m^3)　1169

热阻(m^2·K/W)　0.56

传热系数［W/(m^2·K)］　1.4

规格型号(mm)：

240×115×53，11 孔 ϕ18

构造做法：试样用 JMS 轻质砂浆砌筑，砌体厚度 24cm，两面未抹灰

模数砖(13 排孔)

密度(kg/m^3)　1231

热阻(m^2·K/W)　0.52

传热系数［W/(m^2·K)］　1.5

规格型号(mm)：

240×115×53

构造做法：砌墙 240mm 厚，中间灰缝 8mm，内外表面抹 5mm 水泥砂浆

矩形孔 KP1 砖(13 排孔)

密度(kg/m^3)　1190

热阻(m^2·K/W)　0.74

传热系数［W/(m^2·K)］　1.1

规格型号(mm)：

240×115×90

构造做法：砌体厚度 370mm，水泥砂浆灰缝厚度 8mm，砌体两面各抹 5mm 厚水泥砂浆。

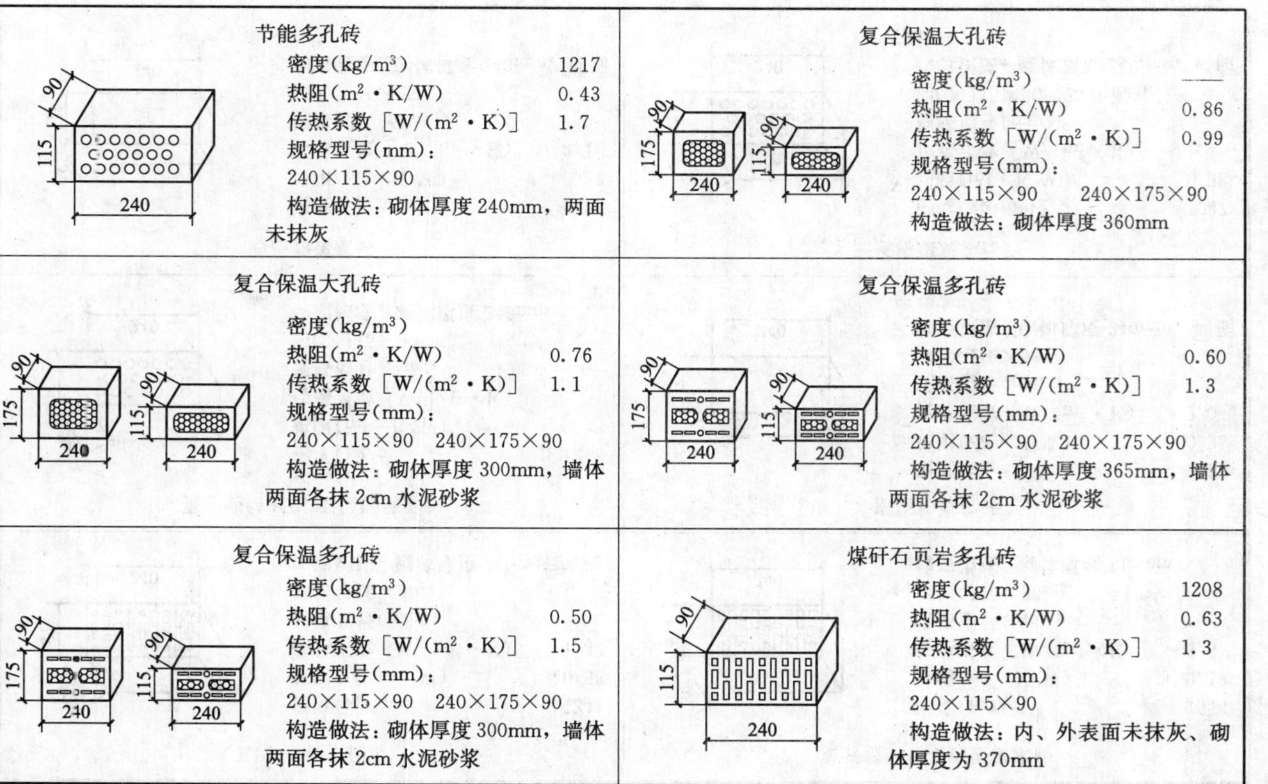

节能多孔砖 密度(kg/m³)　1217 热阻(m²·K/W)　0.43 传热系数［W/(m²·K)］　1.7 规格型号(mm)： 240×115×90 构造做法：砌体厚度240mm，两面未抹灰	复合保温大孔砖 密度(kg/m³)　—— 热阻(m²·K/W)　0.86 传热系数［W/(m²·K)］　0.99 规格型号(mm)： 240×115×90　240×175×90 构造做法：砌体厚度360mm
复合保温大孔砖 密度(kg/m³) 热阻(m²·K/W)　0.76 传热系数［W/(m²·K)］　1.1 规格型号(mm)： 240×115×90　240×175×90 构造做法：砌体厚度300mm，墙体两面各抹2cm水泥砂浆	复合保温多孔砖 密度(kg/m³) 热阻(m²·K/W)　0.60 传热系数［W/(m²·K)］　1.3 规格型号(mm)： 240×115×90　240×175×90 构造做法：砌体厚度365mm，墙体两面各抹2cm水泥砂浆
复合保温多孔砖 密度(kg/m³) 热阻(m²·K/W)　0.50 传热系数［W/(m²·K)］　1.5 规格型号(mm)： 240×115×90　240×175×90 构造做法：砌体厚度300mm，墙体两面各抹2cm水泥砂浆	煤矸石页岩多孔砖 密度(kg/m³)　1208 热阻(m²·K/W)　0.63 传热系数［W/(m²·K)］　1.3 规格型号(mm)： 240×115×90 构造做法：内、外表面未抹灰、砌体厚度为370mm

KP1 页岩多孔砖

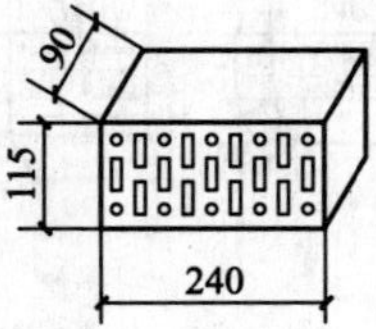

115　90　240

密度(kg/m³)　1341
热阻(m²·K/W)　0.58
传热系数［W/(m²·K)］　1.37
规格型号(mm)：
240×115×90
构造做法：砌体厚度 360，未抹灰

页岩烧结瓷质饰面清水砖

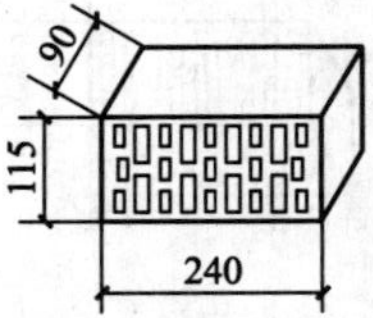

115　90　240

密度(kg/m³)　1556
热阻(m²·K/W)　0.13
传热系数［W/(m²·K)］　3.6
规格型号(mm)：
240×115×90
构造做法：砌体厚度 115mm

页岩烧结 KP1 型保温承重砖

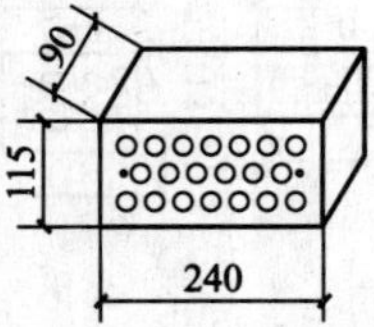

115　90　240

密度(kg/m³)　1248
热阻(m²·K/W)　0.48
传热系数［W/(m²·K)］　1.6
规格型号(mm)：
240×115×90
构造做法：砌体厚度 240mm

蒸压粉煤灰砖

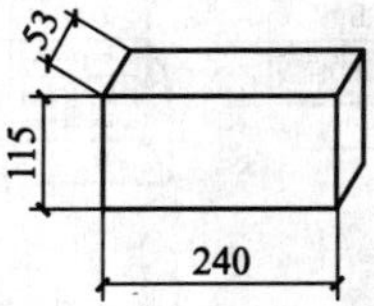

115　53　240

密度(kg/m³)　1523
热阻(m²·K/W)　0.35
传热系数［W/(m²·K)］　2.0
规格型号(mm)：
240×115×53
构造做法：砌体厚度 240mm，两面未抹灰

蒸压粉煤灰砖

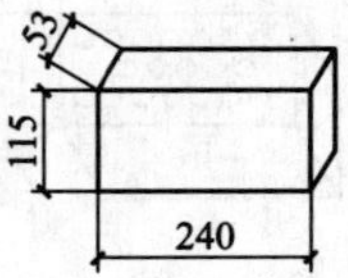

115　53　240

密度(kg/m³)　1523
热阻(m²·K/W)　0.32
传热系数［W/(m²·K)］　2.1
规格型号(mm)：
240×115×53
构造做法：砌体厚度 240mm，两面未抹灰

蒸压粉煤灰多孔砖

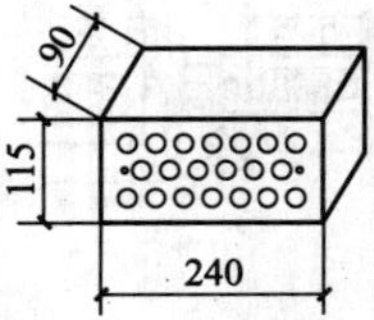

115　90　240

密度(kg/m³)　1087
热阻(m²·K/W)　0.58
传热系数［W/(m²·K)］　1.4
规格型号(mm)：
240×115×90　20 个圆孔，三排
构造做法：砌体厚度 240mm，两面未抹灰

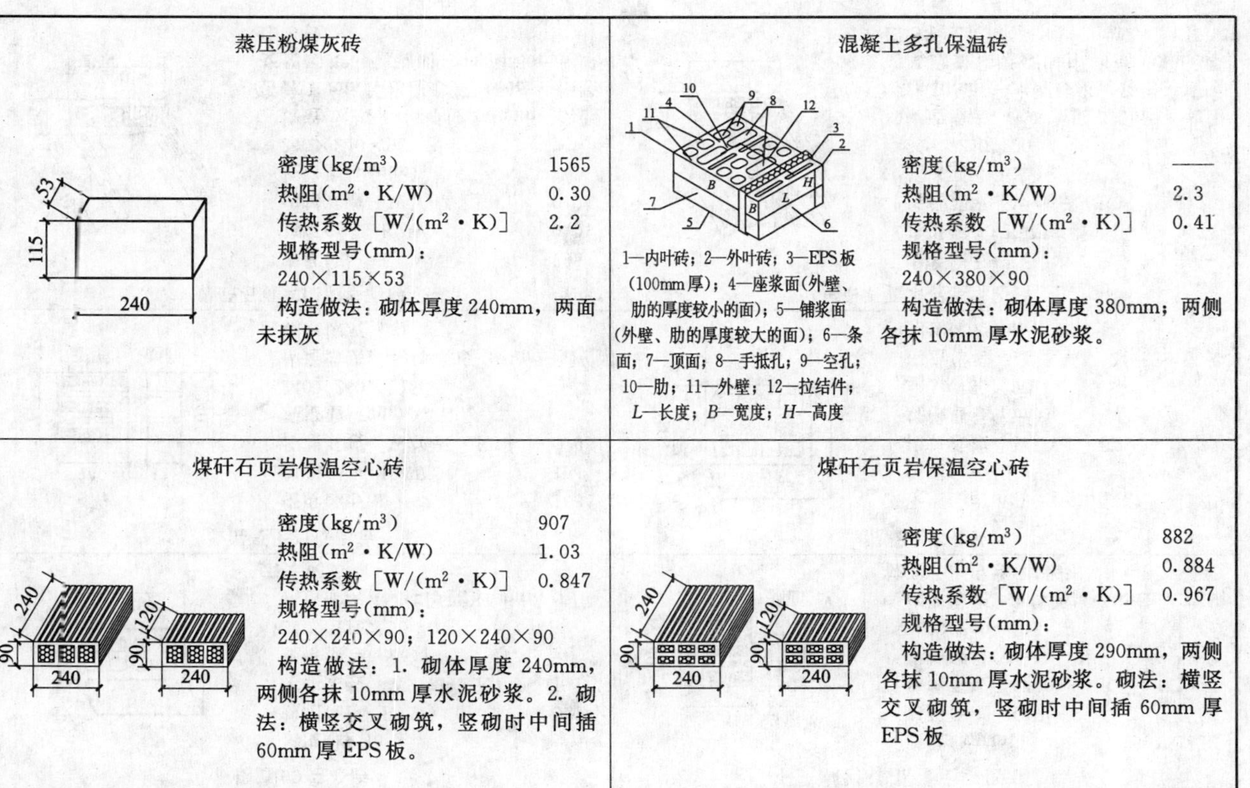

蒸压粉煤灰砖

密度(kg/m³) 1565

热阻(m²·K/W) 0.30

传热系数［W/(m²·K)］ 2.2

规格型号(mm)：

240×115×53

构造做法：砌体厚度240mm，两面未抹灰

混凝土多孔保温砖

1—内叶砖；2—外叶砖；3—EPS板(100mm厚)；4—座浆面(外壁、肋的厚度较小的面)；5—铺浆面(外壁、肋的厚度较大的面)；6—条面；7—顶面；8—手抵孔；9—空孔；10—肋；11—外壁；12—拉结件；L—长度；B—宽度；H—高度

密度(kg/m³) ——

热阻(m²·K/W) 2.3

传热系数［W/(m²·K)］ 0.41

规格型号(mm)：

240×380×90

构造做法：砌体厚度380mm；两侧各抹10mm厚水泥砂浆。

煤矸石页岩保温空心砖

密度(kg/m³) 907

热阻(m²·K/W) 1.03

传热系数［W/(m²·K)］ 0.847

规格型号(mm)：

240×240×90；120×240×90

构造做法：1. 砌体厚度240mm，两侧各抹10mm厚水泥砂浆。2. 砌法：横竖交叉砌筑，竖砌时中间插60mm厚EPS板。

煤矸石页岩保温空心砖

密度(kg/m³) 882

热阻(m²·K/W) 0.884

传热系数［W/(m²·K)］ 0.967

规格型号(mm)：

构造做法：砌体厚度290mm，两侧各抹10mm厚水泥砂浆。砌法：横竖交叉砌筑，竖砌时中间插60mm厚EPS板

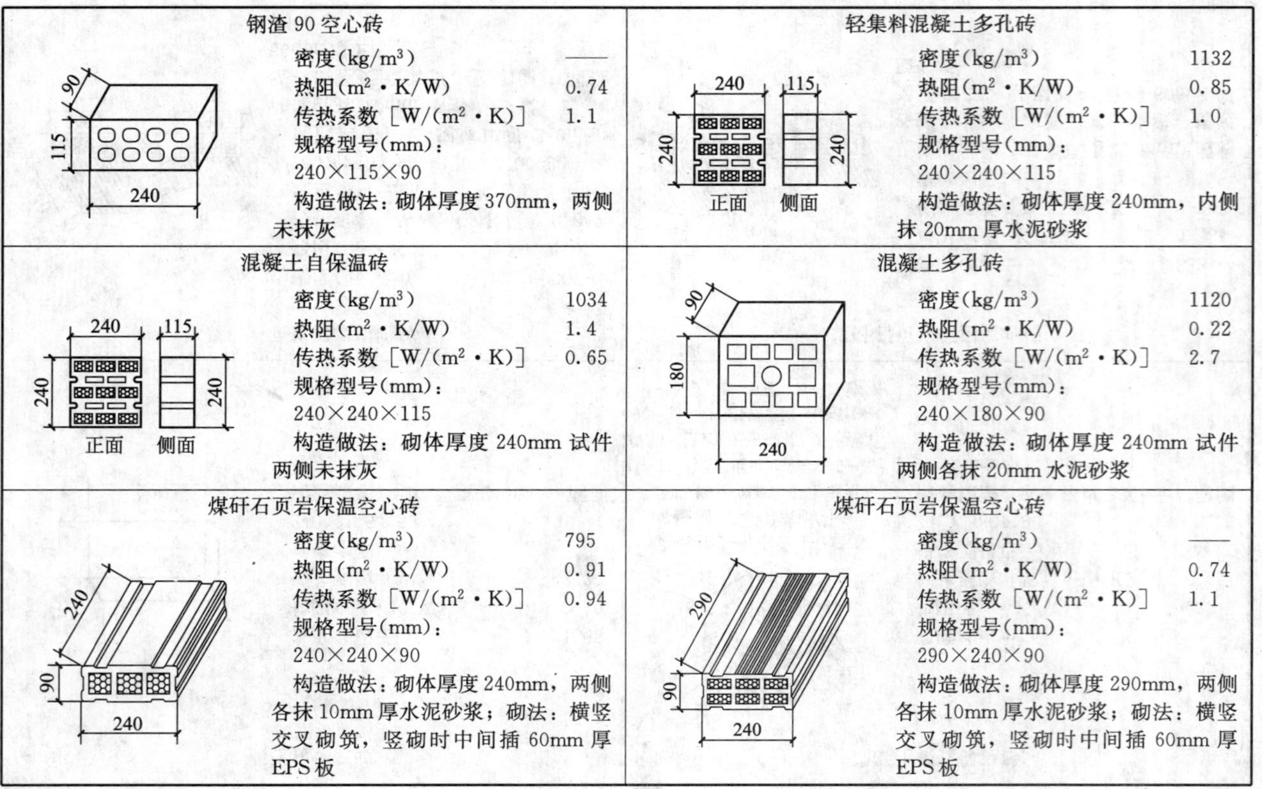

钢渣 90 空心砖

密度(kg/m³)	——
热阻(m²·K/W)	0.74
传热系数[W/(m²·K)]	1.1

规格型号(mm)：

240×115×90

构造做法：砌体厚度 370mm，两侧未抹灰

轻集料混凝土多孔砖

密度(kg/m³)	1132
热阻(m²·K/W)	0.85
传热系数[W/(m²·K)]	1.0

规格型号(mm)：

240×240×115

构造做法：砌体厚度 240mm，内侧抹 20mm 厚水泥砂浆

混凝土自保温砖

密度(kg/m³)	1034
热阻(m²·K/W)	1.4
传热系数[W/(m²·K)]	0.65

规格型号(mm)：

240×240×115

构造做法：砌体厚度 240mm 试件两侧未抹灰

混凝土多孔砖

密度(kg/m³)	1120
热阻(m²·K/W)	0.22
传热系数[W/(m²·K)]	2.7

规格型号(mm)：

240×180×90

构造做法：砌体厚度 240mm 试件两侧各抹 20mm 水泥砂浆

煤矸石页岩保温空心砖

密度(kg/m³)	795
热阻(m²·K/W)	0.91
传热系数[W/(m²·K)]	0.94

规格型号(mm)：

240×240×90

构造做法：砌体厚度 240mm，两侧各抹 10mm 厚水泥砂浆；砌法：横竖交叉砌筑，竖砌时中间插 60mm 厚 EPS 板

煤矸石页岩保温空心砖

密度(kg/m³)	——
热阻(m²·K/W)	0.74
传热系数[W/(m²·K)]	1.1

规格型号(mm)：

290×240×90

构造做法：砌体厚度 290mm，两侧各抹 10mm 厚水泥砂浆；砌法：横竖交叉砌筑，竖砌时中间插 60mm 厚 EPS 板

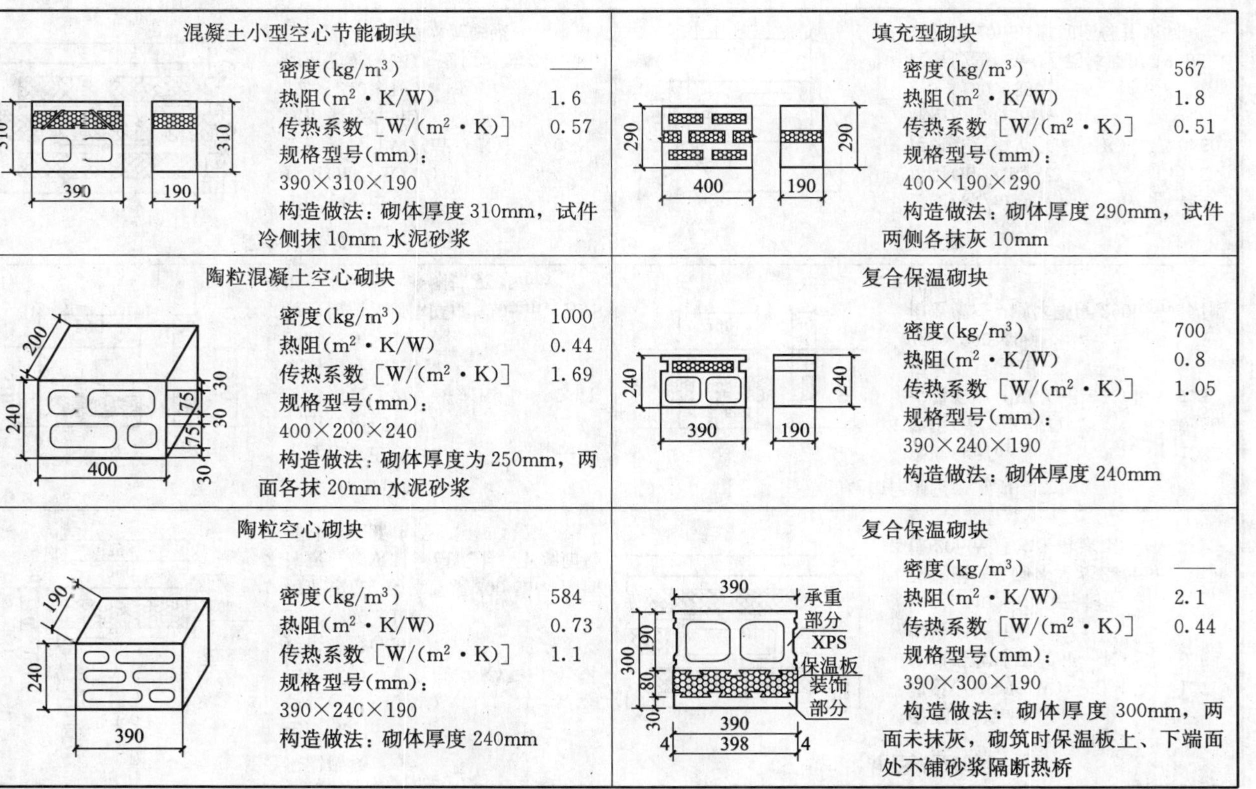

混凝土小型空心节能砌块 密度(kg/m³)　—— 热阻(m²·K/W)　1.6 传热系数[W/(m²·K)]　0.57 规格型号(mm)： 390×310×190 构造做法：砌体厚度 310mm，试件冷侧抹 10mm 水泥砂浆	**填充型砌块** 密度(kg/m³)　567 热阻(m²·K/W)　1.8 传热系数[W/(m²·K)]　0.51 规格型号(mm)： 400×190×290 构造做法：砌体厚度 290mm，试件两侧各抹灰 10mm
陶粒混凝土空心砌块 密度(kg/m³)　1000 热阻(m²·K/W)　0.44 传热系数[W/(m²·K)]　1.69 规格型号(mm)： 400×200×240 构造做法：砌体厚度为 250mm，两面各抹 20mm 水泥砂浆	**复合保温砌块** 密度(kg/m³)　700 热阻(m²·K/W)　0.8 传热系数[W/(m²·K)]　1.05 规格型号(mm)： 390×240×190 构造做法：砌体厚度 240mm
陶粒空心砌块 密度(kg/m³)　584 热阻(m²·K/W)　0.73 传热系数[W/(m²·K)]　1.1 规格型号(mm)： 390×24C×190 构造做法：砌体厚度 240mm	**复合保温砌块** 密度(kg/m³)　—— 热阻(m²·K/W)　2.1 传热系数[W/(m²·K)]　0.44 规格型号(mm)： 390×300×190 构造做法：砌体厚度 300mm，两面未抹灰，砌筑时保温板上、下端面处不铺砂浆隔断热桥

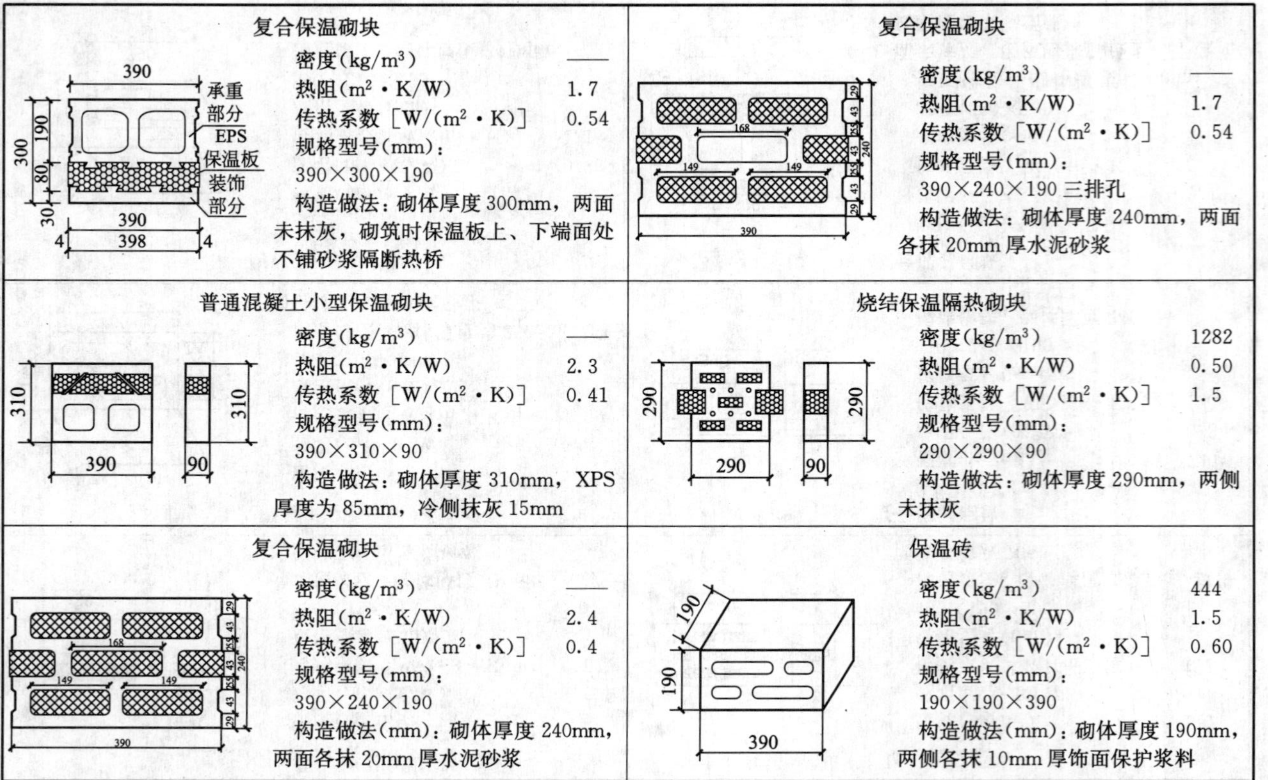

复合保温砌块 密度(kg/m³) —— 热阻(m² · K/W) 1.7 传热系数［W/(m² · K)］ 0.54 规格型号(mm)： 390×300×190 构造做法：砌体厚度 300mm，两面未抹灰，砌筑时保温板上、下端面处不铺砂浆隔断热桥	复合保温砌块 密度(kg/m³) —— 热阻(m² · K/W) 1.7 传热系数［W/(m² · K)］ 0.54 规格型号(mm)： 390×240×190 三排孔 构造做法：砌体厚度 240mm，两面各抹 20mm 厚水泥砂浆
普通混凝土小型保温砌块 密度(kg/m³) —— 热阻(m² · K/W) 2.3 传热系数［W/(m² · K)］ 0.41 规格型号(mm)： 390×310×90 构造做法：砌体厚度 310mm，XPS 厚度为 85mm，冷侧抹灰 15mm	烧结保温隔热砌块 密度(kg/m³) 1282 热阻(m² · K/W) 0.50 传热系数［W/(m² · K)］ 1.5 规格型号(mm)： 290×290×90 构造做法：砌体厚度 290mm，两侧未抹灰
复合保温砌块 密度(kg/m³) —— 热阻(m² · K/W) 2.4 传热系数［W/(m² · K)］ 0.4 规格型号(mm)： 390×240×190 构造做法(mm)：砌体厚度 240mm，两面各抹 20mm 厚水泥砂浆	保温砖 密度(kg/m³) 444 热阻(m² · K/W) 1.5 传热系数［W/(m² · K)］ 0.60 规格型号(mm)： 190×190×390 构造做法(mm)：砌体厚度 190mm，两侧各抹 10mm 厚饰面保护浆料

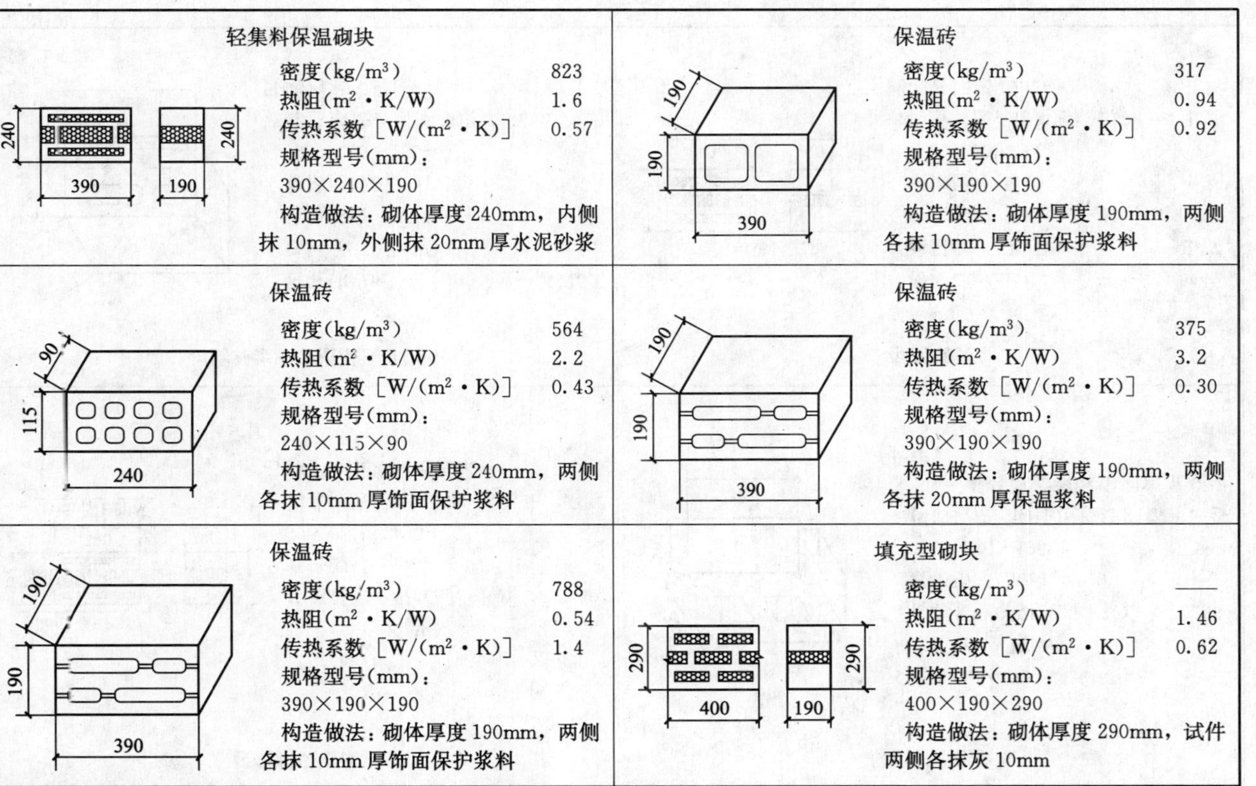

轻集料保温砌块

密度(kg/m³)　823
热阻(m²·K/W)　1.6
传热系数[W/(m²·K)]　0.57
规格型号(mm)：
390×240×190
构造做法：砌体厚度240mm，内侧抹10mm，外侧抹20mm厚水泥砂浆

保温砖

密度(kg/m³)　317
热阻(m²·K/W)　0.94
传热系数[W/(m²·K)]　0.92
规格型号(mm)：
390×190×190
构造做法：砌体厚度190mm，两侧各抹10mm厚饰面保护浆料

保温砖

密度(kg/m³)　564
热阻(m²·K/W)　2.2
传热系数[W/(m²·K)]　0.43
规格型号(mm)：
240×115×90
构造做法：砌体厚度240mm，两侧各抹10mm厚饰面保护浆料

保温砖

密度(kg/m³)　375
热阻(m²·K/W)　3.2
传热系数[W/(m²·K)]　0.30
规格型号(mm)：
390×190×190
构造做法：砌体厚度190mm，两侧各抹20mm厚保温浆料

保温砖

密度(kg/m³)　788
热阻(m²·K/W)　0.54
传热系数[W/(m²·K)]　1.4
规格型号(mm)：
390×190×190
构造做法：砌体厚度190mm，两侧各抹10mm厚饰面保护浆料

填充型砌块

密度(kg/m³)　——
热阻(m²·K/W)　1.46
传热系数[W/(m²·K)]　0.62
规格型号(mm)：
400×190×290
构造做法：砌体厚度290mm，试件两侧各抹灰10mm

轻集料保温砌块

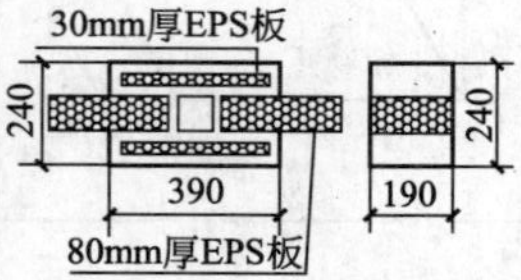

30mm厚EPS板 240 390 80mm厚EPS板 190 240

密度(kg/m^3)	800
热阻($m^2 \cdot K/W$)	1.5
传热系数［$W/(m^2 \cdot K)$］	0.60

规格型号(mm)：

390×240×190

构造做法：砌体厚度240mm，两侧各抹15mm厚水泥砂浆

保温填充砌块

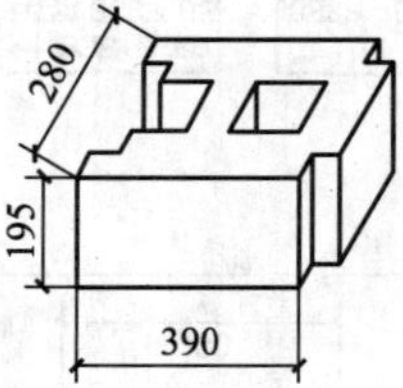

280 195 390

密度(kg/m^3)	——
热阻($m^2 \cdot K/W$)	1.6
传热系数［$W/(m^2 \cdot K)$］	0.56

规格型号(mm)：

395×280×195

构造做法：两面压玻纤网格布，各抹5mm聚合物砂浆，中间灌混凝土芯柱

植物纤维石膏渣增强砌块

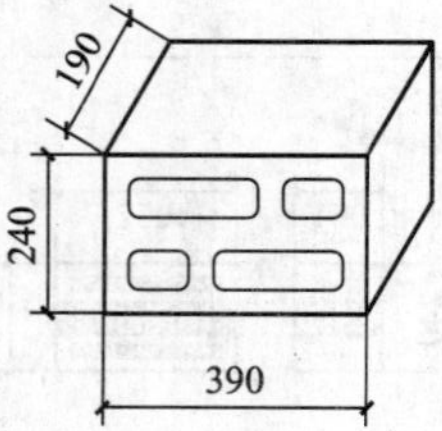

190 240 390

密度(kg/m^3)	1150
热阻($m^2 \cdot K/W$)	0.50
传热系数［$W/(m^2 \cdot K)$］	1.5

规格型号(mm)：

390×240×190

构造做法：砌体厚度240mm，试件两侧未抹灰

节能砌块

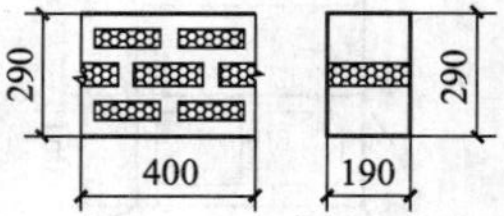

290 400 190 290

密度(kg/m^3)	544
热阻($m^2 \cdot K/W$)	1.77
传热系数［$W/(m^2 \cdot K)$］	0.52

规格型号(mm)：

400×290×190

构造做法：砌体厚度290mm，试件两侧各抹灰10mm

名称：粉煤灰砖

项目	单位	数值
密度	kg/m^3	1660
热阻	$m^2 \cdot K/W$	—
传热系数	$W/(m^2 \cdot K)$	0.60

规格型号(mm)：240×115×53

构造做法：—

名称：多孔砖

项目	单位	数值
密度	kg/m^3	1226
热阻	$m^2 \cdot K/W$	0.53
传热系数	$W/(m^2 \cdot K)$	1.47

规格型号(mm)：240×115×90，KP1 型，斜孔

构造做法：砌体两面未抹灰

名称：多孔砖

项目	单位	数值
密度	kg/m^3	1270
热阻	$m^2 \cdot K/W$	0.53
传热系数	$W/(m^2 \cdot K)$	1.5

规格型号(mm)：240×115×90 KP1 型，直孔

构造做法：砌体两面未抹灰

名称：煤矸石多孔砖

项目	单位	数值
密度	kg/m^3	1340
热阻	$m^2 \cdot K/W$	0.50
传热系数	$W/(m^2 \cdot K)$	1.5

规格型号(mm)：240×115×90

构造做法：砌体厚 240mm，两面各抹 20mm 厚水泥砂浆

名称：煤矸石页岩多孔砖

项目	单位	数值
密度	kg/m^3	1409
热阻	$m^2 \cdot K/W$	0.65
传热系数	$W/(m^2 \cdot K)$	1.3

规格型号(mm)：240×115×90 圆孔 20 孔

构造做法：砌体厚 370mm，两面各抹 20mm 厚水泥砂浆

名称：轻质保温黏土烧结砖

项目	单位	数值
密度	kg/m^3	699
热阻	$m^2 \cdot K/W$	0.27
传热系数	$W/(m^2 \cdot K)$	2.4

规格型号(mm)：240×190×90

构造做法：砌体厚 90mm，两面各抹 20mm 厚水泥砂浆

名称：彩色烧结多孔承重砖

项目	单位	数值
密度	kg/m^3	
热阻	$m^2 \cdot K/W$	0.41
传热系数	$W/(m^2 \cdot K)$	1.8

规格型号(mm)：240×115×90 矩形孔 23 孔

构造做法：砌体厚度为 240mm，两面未抹灰

名称：石英砂装饰保温墙砖

项目	单位	数值
密度	kg/m^3	1440
热阻	$m^2 \cdot K/W$	0.40
传热系数	$W/(m^2 \cdot K)$	1.8

规格型号(mm)：235×120×120

构造做法：试样用两种砖分内、外两层砌筑，两层砖的密度分别为 $1000kg/m^3$ 和 $1600kg/m^3$，砌体两面未抹灰

名称：粉煤灰砖

项目	单位	数值
密度	kg/m^3	1761
热阻	$m^2 \cdot K/W$	0.25
传热系数	$W/(m^2 \cdot K)$	2.5

规格型号(mm)：240×115×54

构造做法：砌体厚度为 240mm，两面未抹灰

名称：S3 型节能烧结砖

项目	单位	数值
密度	kg/m^3	1440
热阻	$m^2 \cdot K/W$	0.57
传热系数	$W/(m^2 \cdot K)$	1.4

规格型号(mm)：240×115×53

构造做法：砌体厚度 240mm，两面各抹 1cm 厚 JMS 轻质砂浆

名称：KP1 煤矸石烧结多孔砖

项目	单位	数值
密度	kg/m^3	1275
热阻	$m^2 \cdot K/W$	0.42
传热系数	$W/(m^2 \cdot K)$	1.8

规格型号(mm)：240×115×90　20 孔

构造做法：砌体厚度 240mm，两面未抹灰

名称：混凝土多孔砖

项目	单位	数值
密度	kg/m^3	1490
热阻	$m^2 \cdot K/W$	0.60
传热系数	$W/(m^2 \cdot K)$	1.3

规格型号(mm)：240×115×90　二排孔

构造做法：砌体厚度 370mm，两面抹 20mm 水泥砂浆

名称：陶粒空心砌块

项目	单位	数值
密度	kg/m^3	618
热阻	$m^2 \cdot K/W$	0.71
传热系数	$W/(m^2 \cdot K)$	1.2

规格型号(mm)：390×240×190(三排孔)

构造做法：砌体两面各抹 2cm 厚水泥砂浆

名称：轻集料混凝土空心砌块

项目	单位	数值
密度	kg/m^3	
热阻	$m^2 \cdot K/W$	0.38
传热系数	$W/(m^2 \cdot K)$	1.9

规格型号(mm)：390×190×190(单排孔)

构造做法：砌体两面各抹 2cm 厚水泥砂浆

名称：陶粒空心砌块

项目	单位	数值
密度	kg/m^3	811
热阻	$m^2 \cdot K/W$	0.78
传热系数	$W/(m^2 \cdot K)$	1.1

规格型号(mm)：390×190×190(三排孔)

构造做法：砌体两面各抹 2cm 厚水泥砂浆

名称：陶粒空心砌块

项目	单位	数值
密度	kg/m^3	500
热阻	$m^2 \cdot K/W$	0.54
传热系数	$W/(m^2 \cdot K)$	1.4

规格型号(mm)：390×190×190(两排孔)

构造做法：砌体两面各抹 2cm 厚水泥砂浆

名称：炉渣粉煤灰混凝土空心砌块

项目	单位	数值
密度	kg/m^3	
热阻	$m^2 \cdot K/W$	0.61
传热系数	$W/(m^2 \cdot K)$	1.3

规格型号(mm)：390×240×190(两排孔)

构造做法：砌体两面各抹 2cm 厚水泥砂浆

名称：复合保温砌块

项目	单位	数值
密度	kg/m^3	
热阻	$m^2 \cdot K/W$	1.0
传热系数	$W/(m^2 \cdot K)$	0.87

规格型号(mm)：390×290×190(三排孔)，边上一排孔满插聚苯板

构造做法：砌体两面各抹 2cm 厚水泥砂浆

名称：复合保温砌块

项目	单位	数值
密度	kg/m³	
热阻	m²·K/W	1.4
传热系数	W/(m²·K)	0.65

规格型号(mm)：390×240×190(三排孔)，两排孔中满插聚苯板(中间和边上一排)

构造做法：砌体两面各抹 2cm 厚水泥砂浆

名称：陶粒空心砌块

项目	单位	数值
密度	kg/m³	740
热阻	m²·K/W	0.69
传热系数	W/(m²·K)	1.2

规格型号(mm)：390×240×190(三排孔)

构造做法：砌体两面各抹 2cm 厚水泥砂浆

名称：混凝土空心小砌块

项目	单位	数值
密度	kg/m³	1470
热阻	m²·K/W	0.18
传热系数	W/(m²·K)	3.0

规格型号(mm)：390×190×190（双排孔）

构造做法：未抹灰

名称：保温承重装饰空心砌块

项目	单位	数值
密度	kg/m³	1200
热阻	m²·K/W	1.10
传热系数	W/(m²·K)	0.80

规格型号(mm)：390×280×190

构造做法：砌体内表面抹 20mm 厚 ZL 保温砂浆

名称：煤灰渣保温砌块

项目	单位	数值
密度	kg/m³	1210
热阻	m²·K/W	0.47
传热系数	W/(m²·K)	1.6

规格型号(mm)：390×240×190（三排孔）

构造做法：砌体两面各抹 2cm 厚水泥砂浆

名称：轻质混凝土小型空心砌块

项目	单位	数值
密度	kg/m³	
热阻	m²·K/W	0.78
传热系数	W/(m²·K)	1.1

规格型号(mm)：390×240×190 炉渣混凝土空心砌块，三排孔，中间孔满填散状膨胀珍珠岩

构造做法：砌块用掺锯末的砂浆砌筑，砌体内表面抹 1cm 厚水泥砂浆，外表面抹 1.5cm 厚掺锯末的抗裂砂

名称：蒸压粉煤灰加气混凝土砌块

项目	单位	数值
密度	kg/m^3	520
热阻	$m^2 \cdot K/W$	2.1
传热系数	$W/(m^2 \cdot K)$	0.44

规格型号(mm)：600×240×250

构造做法：砌体厚度 250mm

名称：保温承重装饰空心砌块

项目	单位	数值
密度	kg/m^3	1200
热阻	$m^2 \cdot K/W$	1.5
传热系数	$W/(m^2 \cdot K)$	0.60

规格型号(mm)：390×280×190

构造做法：砌块外侧孔中填塞 50mm 厚 EPS 板，砌体内表面抹 40mm 厚密度为 176kg/m³ 的 ZL 保温砂浆

名称：混凝土轻质节能复合外墙板

项目	单位	数值
密度	kg/m^3	—
热阻	$m^2 \cdot K/W$	1.22
传热系数	$W/(m^2 \cdot K)$	0.73

规格型号(mm)：2000×1200×20(双面 0.08mm 厚铝箔)

构造做法：

名称：蒸压粉煤灰加气混凝土砌块

项目	单位	数值
密度	kg/m^3	480
热阻	$m^2 \cdot K/W$	2.4
传热系数	$W/(m^2 \cdot K)$	0.39

规格型号(mm)：600×175×250

构造做法：砌体厚度 250mm

名称：钢丝网架舒乐板

项目	单位	数值
密度	kg/m^3	
热阻	$m^2 \cdot K/W$	1.5
传热系数	$W/(m^2 \cdot K)$	0.61

规格型号(mm)：

构造做法：聚苯板厚度 60mm，腹丝插入聚苯板中深度为 40mm 单面抹 20mm 厚水泥砂浆，$\phi 2.0$ 腹丝 190 根/m²

名称：植物纤维石膏渣空心砌块

项目	单位	数值
密度	kg/m^3	1207
热阻	$m^2 \cdot K/W$	0.45
传热系数	$W/(m^2 \cdot K)$	1.7

规格型号(mm)：390×190×190，单排孔，3 盲孔 90×90

构造做法：砌体厚度 190mm，两面未抹灰

名称：粉刷石膏外墙内保温板

项目	单位	数值
密度	kg/m^3	—
热阻	$m^2 \cdot K/W$	1.5
传热系数	$W/(m^2 \cdot K)$	0.58
规格型号(mm)：600×900×60		
构造做法：1. 粉刷石膏外墙内保温板由 50mm 厚 EPS 板和 10mm 厚粉刷石膏构成；2. 复合墙体由 200mm 厚现浇钢筋混凝土和 60mm 厚粉刷石膏外墙内保温板构成		

名称：现浇混凝土外墙外保温板(DGJ)

项目	单位	数值
密度	kg/m^3	—
热阻	$m^2 \cdot K/W$	1.5
传热系数	$W/(m^2 \cdot K)$	0.55
规格型号(mm)：2800×1220×95mm		
构造做法：复合墙体传热系数由 350mm 厚现浇钢筋混凝土和 95mm 厚现浇混凝土外墙外保温板(DGJ)构成		

名称：钢丝增强轻集料外墙板

项目	单位	数值
密度	kg/m^3	—
热阻	$m^2 \cdot K/W$	0.51
传热系数	$W/(m^2 \cdot K)$	1.5
规格型号(mm)：3300×500×180		
构造做法：		

名称：增强水泥聚苯保温板

项目	单位	数值
密度	kg/m^3	
热阻	$m^2 \cdot K/W$	1.29
传热系数	$W/(m^2 \cdot K)$	0.69
规格型号(mm)：2650×600×60(聚苯板厚度 45mm)		
构造做法：		

名称：增强石膏保温板

项目	单位	数值
密度	kg/m^3	—
热阻	$m^2 \cdot K/W$	1.25
传热系数	$W/(m^2 \cdot K)$	
规格型号(mm)：600×900×70mm，聚苯板厚度 50mm，密度 16kg/m³		
构造做法：		

名称：现浇混凝土外墙外保温板(DGJ)

项目	单位	数值
密度	kg/m^3	—
热阻	$m^2 \cdot K/W$	1.4
传热系数	$W/(m^2 \cdot K)$	0.58
规格型号(mm)：2750×1220×95		
构造做法：复合墙体传热系数由 350mm 厚现浇钢筋混凝土和 95mm 厚现浇混凝土外墙外保温板(DGJ)构成		

名称：现浇混凝土外墙外保温板(DGJ)

项目	单位	数值
密度	kg/m^3	
热阻	$m^2 \cdot K/W$	1.3
传热系数	$W/(m^2 \cdot K)$	0.60

规格型号(mm)：2800×1220×95

构造做法：复合墙体传热系数由 350mm 厚现浇钢筋混凝土和 95mm 厚现浇混凝土外墙外保温板(DGJ)构成

名称：PVC 中空隔墙板

项目	单位	数值
密度	kg/m^3	—
热阻	$m^2 \cdot K/W$	0.31
传热系数	$W/(m^2 \cdot K)$	2.2

规格型号(mm)：1000×1000×120

构造做法：30mm 水泥砂浆＋0.7mm PVC＋60mm 空气层＋0.7mm PVC＋30mm 水泥砂浆

名称：太空板

项目	单位	数值
密度	kg/m^3	—
热阻	$m^2 \cdot K/W$	2.1
传热系数	$W/(m^2 \cdot K)$	0.44

规格型号(mm)：夹心板总厚度 220

构造做法：5mm 水泥砂浆＋145mm 发泡水泥＋5mm 水泥砂浆

名称：现浇混凝土外墙外保温板(DGJ)

项目	单位	数值
密度	kg/m^3	—
热阻	$m^2 \cdot K/W$	1.5
传热系数	$W/(m^2 \cdot K)$	0.3

规格型号(mm)：2800×1220×95

构造做法：复合墙体传热系数由 350mm 厚现浇钢筋混凝土和 95mm 厚现浇混凝土外墙外保温板(DGJ)构成

名称：现浇混凝土外墙外保温板(DGJ)

项目	单位	数值
密度	kg/m^3	—
热阻	$m^2 \cdot K/W$	1.6
传热系数	$W/(m^2 \cdot K)$	0.50

规格型号(mm)：2750×1220×95

构造做法：复合墙体传热系数由 350mm 厚现浇钢筋混凝土和 95mm 厚现浇混凝土外墙外保温板(DGJ)构成

名称：现浇混凝土外墙外保温板(DGJ)

项目	单位	数值
密度	kg/m^3	—
热阻	$m^2 \cdot K/W$	1.3
传热系数	$W/(m^2 \cdot K)$	0.6

规格型号(mm)：2800×1220×95

构造做法：复合墙体传热系数由 350mm 厚现浇钢筋混凝土和 95mm 厚现浇混凝土外墙外保温板(DGJ)构成

名称：复合墙板

项目	单位	数值
密度	kg/m^3	—
热阻	$m^2 \cdot K/W$	1.6
传热系数	$W/(m^2 \cdot K)$	0.57
规格型号(mm)：		
构造做法：10mm 玻镁板＋50mm XPS 板＋10mm 玻镁板		

名称：外墙保温装饰复合板

项目	单位	数值
密度	kg/m^3	
热阻	$m^2 \cdot K/W$	1.9
传热系数	$W/(m^2 \cdot K)$	0.49
规格型号(mm)：45mm 厚硬泡聚氨酯＋3mm 厚玻璃钢		
构造做法：		

名称：复合屋面板

项目	单位	数值
密度	kg/m^3	—
热阻	$m^2 \cdot K/W$	2.8
传热系数	$W/(m^2 \cdot K)$	0.34
规格型号(mm)：2400×1200×80		
构造做法：5mm 玻镁板＋70mm XPS 板＋5mm 玻镁板		

名称：夹芯岩棉板

项目	单位	数值
密度	kg/m^3	—
热阻	$m^2 \cdot K/W$	1.1
传热系数	$W/(m^2 \cdot K)$	0.80
规格型号(mm)：1000×1000		
构造做法：0.7mm 铝板＋59mm 岩棉板＋0.7mm 铝板		

名称：节能饰面砖装饰板

项目	单位	数值
密度	kg/m^3	—
热阻	$m^2 \cdot K/W$	2.5
传热系数	$W/(m^2 \cdot K)$	0.38
规格型号(mm)：		
构造做法：专用粘结砂浆＋80mm 厚挤塑板＋专用粘结剂＋耐碱网格布＋外墙砖		

名称：金属面聚氨酯复合板

项目	单位	数值
密度	kg/m^3	—
热阻	$m^2 \cdot K/W$	2.4(50mm)；3.6(75mm)；4.8(100mm)
传热系数	$W/(m^2 \cdot K)$	0.39(50mm)；0.27(75mm)；0.20(100mm)
规格型号(mm)：1000×1000×50		
构造做法：0.5mm 金属板＋聚氨酯板＋0.5mm 金属板		

名称：宝丽防火保温板

项目	单位	数值
密度	kg/m³	—
热阻	m²·K/W	1.9
专热系数	W/(m²·K)	0.49
规格型号(mm)：		
构造做法：0.5mm 厚彩涂钢板＋75mm 厚玻璃丝棉板＋0.6mm 厚彩涂钢板		

名称：木结构墙体

项目	单位	数值
密度	kg/m³	492(G-100)；434(G-90)；457 (T-100)；427 (T-90)
热阻	m²·K/W	0.905(G-90)；0.999(G-100)；0.927(T-90)；1.20(T-100)
传热系数	W/(m²·K)	0.948(G-90)；0.87(G-100)；0.929(T-90)；0.741(T-100)
规格型号(mm)：T-90 G-90(950×950×90)；T-100 G-100(950×950×100)		
构造做法：T90\100 无拼缝；G90\100 有拼缝，板厚分别为 90 和 100mm		

名称：外墙外保温用钢丝网架聚苯乙烯板

项目	单位	数值
密度	kg/m³	—
热阻	m²·K/W	0.64
传热系数	W/(m²·K)	1.27
规格型号(mm)：3000×1200×40		
构造做法：3000×1200×80(mm)(抹灰后)，腹丝穿透型 CTS(单网)，ϕ2.0mm，腹丝 200 根/m²		

名称：节能饰面砖装饰板

项目	单位	数值
密度	kg/m³	—
热阻	m²·K/W	1.75
传热系数	W/(m²·K)	0.53
规格型号(mm)：节能饰面砖装饰板，65mm 厚(芯材厚度：55mm)		
构造做法：专用粘结砂浆＋55mm 厚挤塑板＋专用粘结剂＋耐碱网格布＋外墙砖		

名称：宝丽防火保温板

项目	单位	数值
密度	kg/m³	—
热阻	m²·K/W	1.7
传热系数	W/(m²·K)	0.54
规格型号(mm)：		
构造做法：0.5mm 厚彩涂钢板＋75mm 厚岩棉板＋0.6mm 厚彩涂钢板		

名称：宝丽防火保温板

项目	单位	数值
密度	kg/m³	—
热阻	m²·K/W	2.6
传热系数	W/(m²·K)	0.36
规格型号(mm)：100T 玻璃丝棉复合板		
构造做法：0.5mm 厚彩涂钢板＋100mm 厚玻璃丝棉板＋0.6mm 厚彩涂钢板		

名称：外墙外保温用钢丝网架聚苯乙烯板

项目	单位	数值
密度	kg/m^3	—
热阻	$m^2 \cdot K/W$	0.93
传热系数	$W/(m^2 \cdot K)$	0.93

规格型号(mm)：3000×1200×40

构造做法：3000×1200×80(mm)(抹灰后)，腹丝非穿透型 FCT(单网)，ϕ2.0mm，腹丝插入聚苯板中深度为 2/3，腹丝 200 根/ m^2

名称：外墙外保温用钢丝网架聚苯乙烯板

项目	单位	数值
密度	kg/m^3	—
热阻	$m^2 \cdot K/W$	1.64
传热系数	$W/(m^2 \cdot K)$	0.56

规格型号(mm)：3000×1200×100

构造做法：3000×1200×140(mm)(抹灰后)，腹丝穿透型 CTS(双网)，ϕ2.0 mm，腹丝 200 根/ m^2

名称：外墙外保温用钢丝网架聚苯乙烯板

项目	单位	数值
密度	kg/m^3	—
热阻	$m^2 \cdot K/W$	1.57
传热系数	$W/(m^2 \cdot K)$	0.58

规格型号(mm)：3000×1200×100

构造做法：3000×1200×140(mm)(抹灰后)，腹丝非穿透型 FCT(单网)，腹丝插入聚苯板深度 2/3，ϕ2.0mm，腹丝 200 根/ m^2

名称：外墙外保温用钢丝网架聚苯乙烯板

项目	单位	数值
密度	kg/m^3	—
热阻	$m^2 \cdot K/W$	0.60
传热系数	$W/(m^2 \cdot K)$	1.33

规格型号(mm)：3000×1200×40

构造做法：3000×1200×80(mm)(抹灰后)，腹丝穿透型 CTS(双网)，ϕ2.0 mm，腹丝 200 根/m^2

名称：外墙外保温用钢丝网架聚苯乙烯板

项目	单位	数值
密度	kg/m^3	—
热阻	$m^2 \cdot K/W$	1.32
传热系数	$W/(m^2 \cdot K)$	0.68

规格型号(mm)：3000×1200×80

构造做法：3000×1200×120(mm)(抹灰后)，腹丝穿透型 CTS(双网)，ϕ2.0 mm，腹丝 200 根/ m^2

名称：外墙外保温用钢丝网架聚苯乙烯板

项目	单位	数值
密度	kg/m^3	—
热阻	$m^2 \cdot K/W$	0.80
传热系数	$W/(m^2 \cdot K)$	1.05

规格型号(mm)：3000×1200×50

构造做法：3000×1200×90(mm)(抹灰后)，腹丝穿透型 CTS(双网)，ϕ2.0mm，腹丝 200 根/m^2

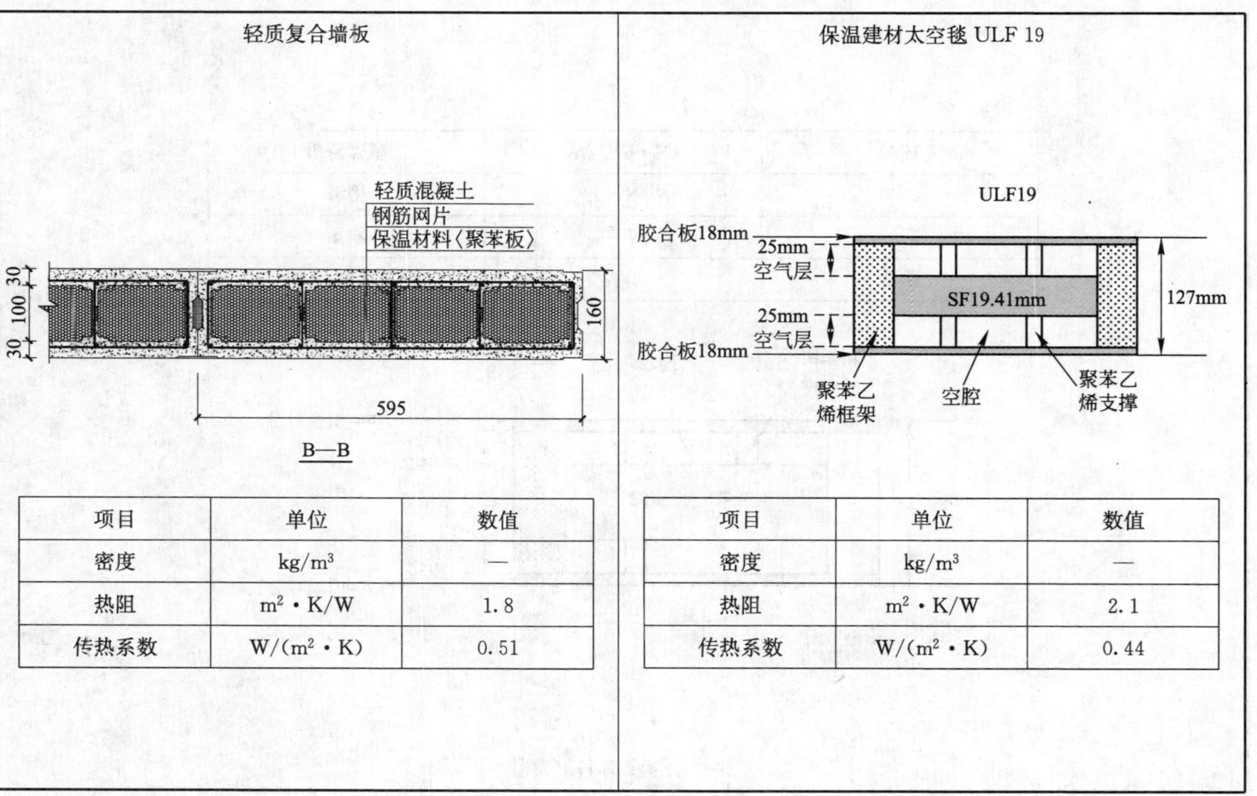

轻质复合墙板

项目	单位	数值
密度	kg/m³	—
热阻	m²·K/W	1.8
传热系数	W/(m²·K)	0.51

保温建材太空毯 ULF 19

项目	单位	数值
密度	kg/m³	—
热阻	m²·K/W	2.1
传热系数	W/(m²·K)	0.44

保温建材太空毯 ULF-37

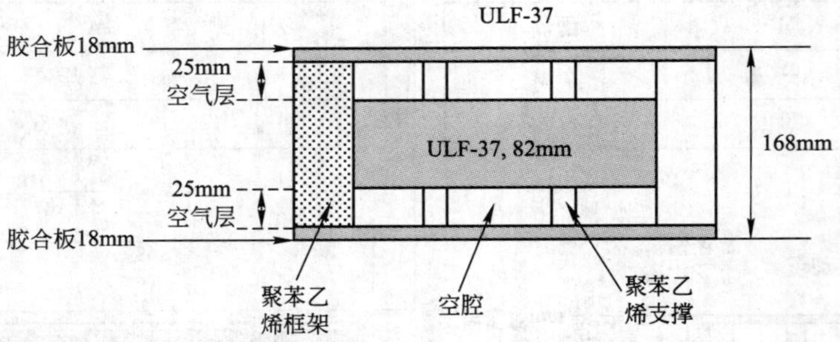

ULF-37

胶合板18mm
25mm 空气层
ULF-37, 82mm
25mm 空气层
胶合板18mm
168mm
聚苯乙烯框架
空腔
聚苯乙烯支撑

项目	单位	数值
密度	kg/m^3	—
热阻	$m^2 \cdot K/W$	3.03
传热系数	$W/(m^2 \cdot K)$	0.31

名称：复合外墙系统	热阻：1.3 $m^2 \cdot K/W$	传热系数：0.69W/($m^2 \cdot K$)

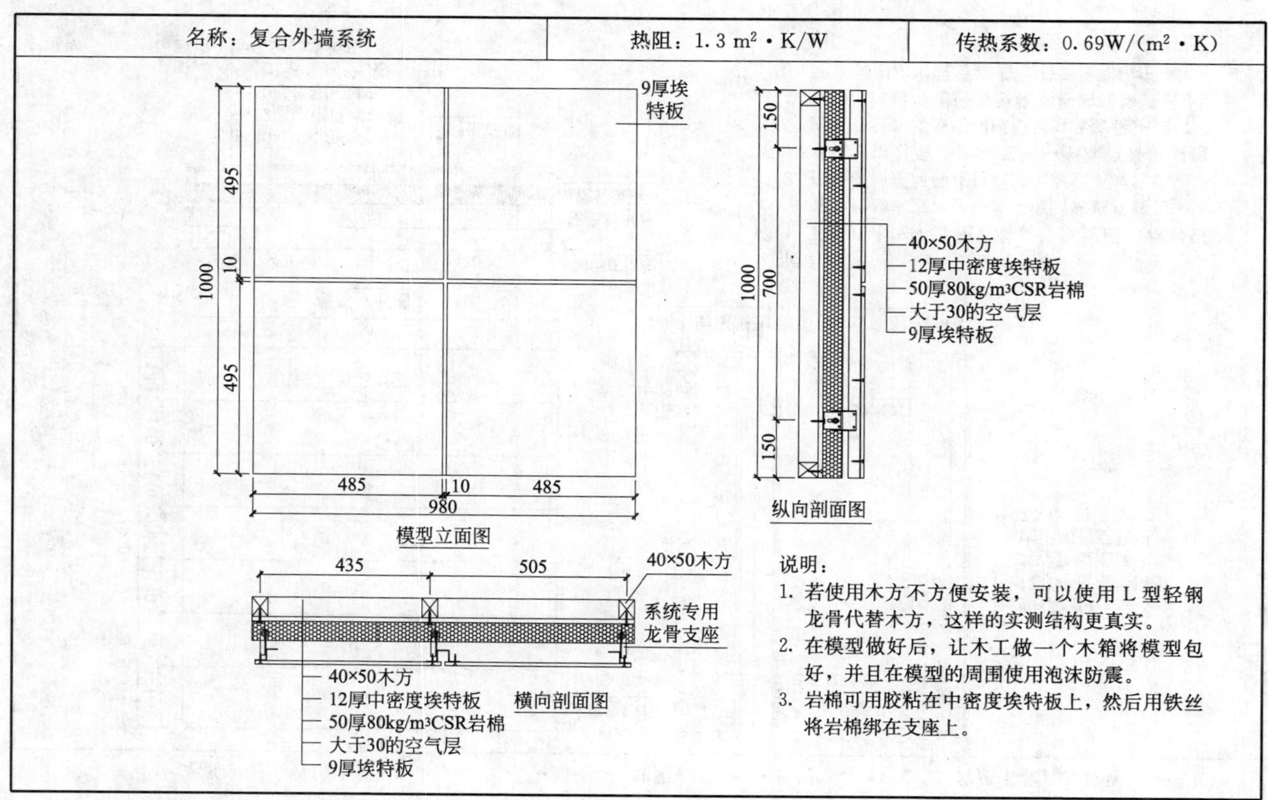

说明：

1. 若使用木方不方便安装，可以使用 L 型轻钢龙骨代替木方，这样的实测结构更真实。
2. 在模型做好后，让木工做一个木箱将模型包好，并且在模型的周围使用泡沫防震。
3. 岩棉可用胶粘在中密度埃特板上，然后用铁丝将岩棉绑在支座上。

名称：复合外墙系统 | 热阻：$2.0m^2 \cdot K/W$ | 传热系数：$0.47W/(m^2 \cdot K)$

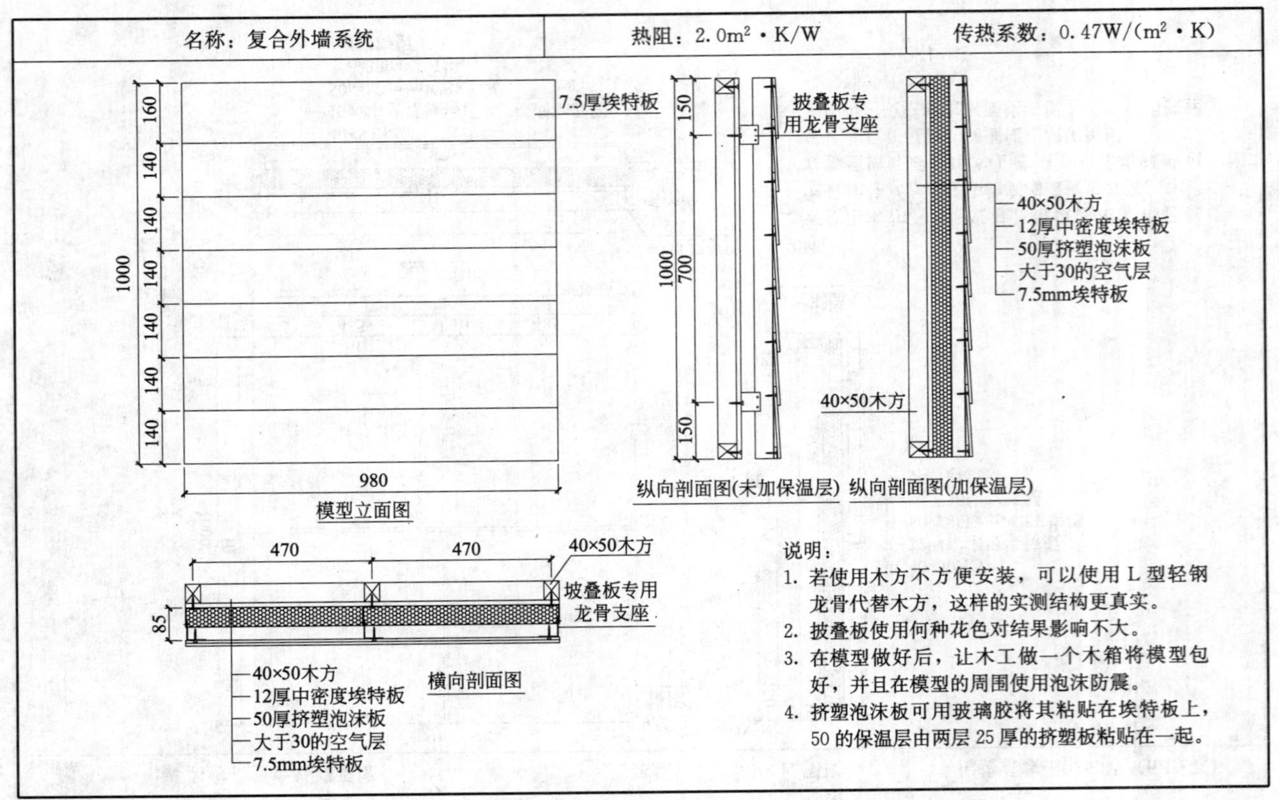

说明：

1. 若使用木方不方便安装，可以使用 L 型轻钢龙骨代替木方，这样的实测结构更真实。
2. 披叠板使用何种花色对结果影响不大。
3. 在模型做好后，让木工做一个木箱将模型包好，并且在模型的周围使用泡沫防震。
4. 挤塑泡沫板可用玻璃胶将其粘贴在埃特板上，50 的保温层由两层 25 厚的挤塑板粘贴在一起。

名称：复合外墙系统	热阻：1.8m²·K/W	传热系数：0.51W/(m²·K)

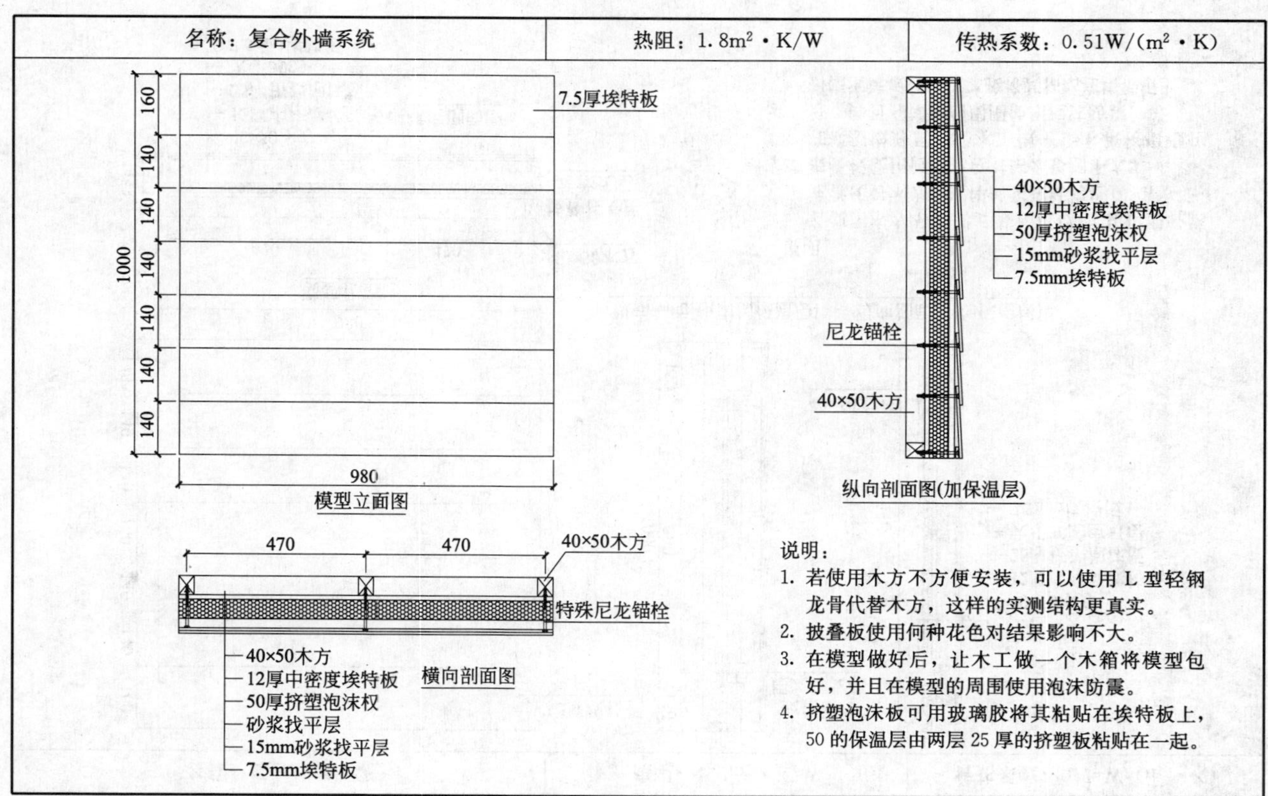

说明：

1. 若使用木方不方便安装，可以使用 L 型轻钢龙骨代替木方，这样的实测结构更真实。
2. 披叠板使用何种花色对结果影响不大。
3. 在模型做好后，让木工做一个木箱将模型包好，并且在模型的周围使用泡沫防震。
4. 挤塑泡沫板可用玻璃胶将其粘贴在埃特板上，50 的保温层由两层 25 厚的挤塑板粘贴在一起。

名称：复合外墙系统	热阻：1.2m² · K/W	传热系数：0.74W/(m² · K)

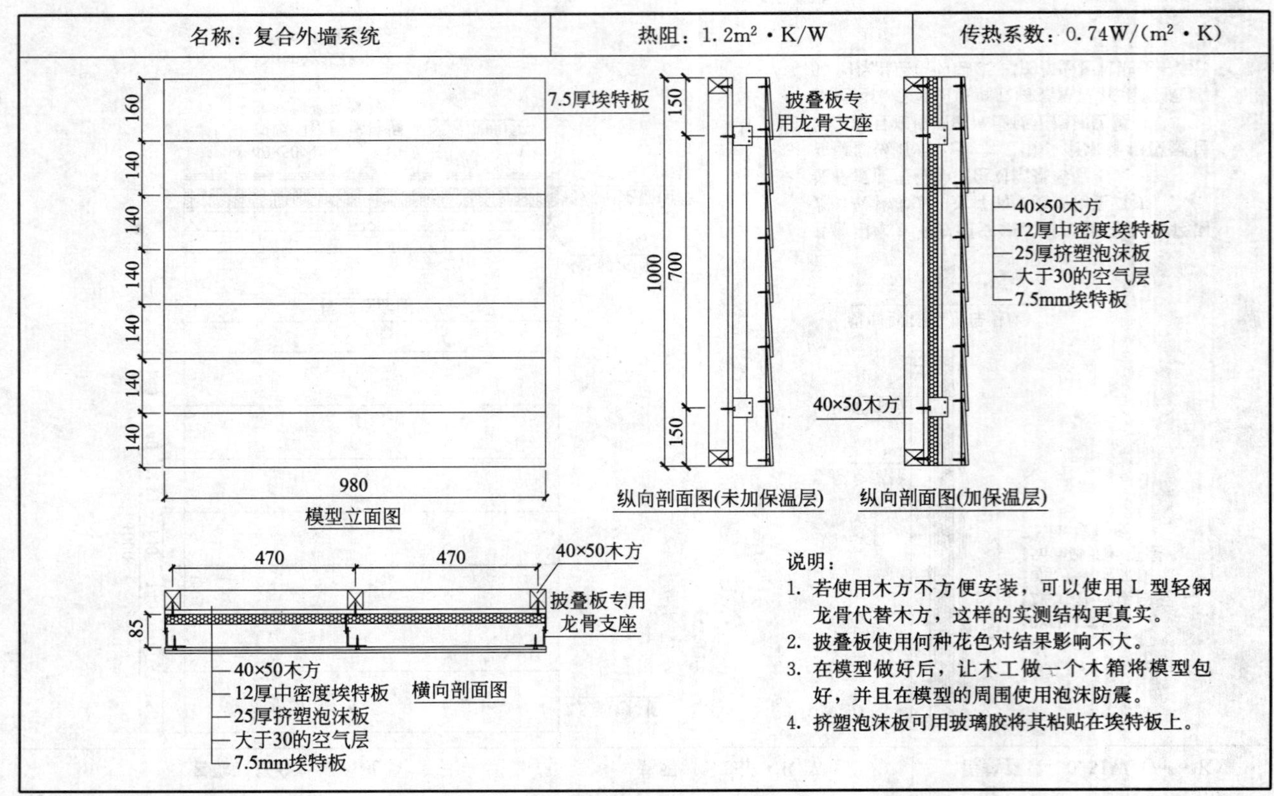

说明：

1. 若使用木方不方便安装，可以使用 L 型轻钢龙骨代替木方，这样的实测结构更真实。
2. 披叠板使用何种花色对结果影响不大。
3. 在模型做好后，让木工做一个木箱将模型包好，并且在模型的周围使用泡沫防震。
4. 挤塑泡沫板可用玻璃胶将其粘贴在埃特板上。

名称：装配式节能外墙系统	热阻：1.1m² · K/W	传热系数：0.80W/(m² · K)

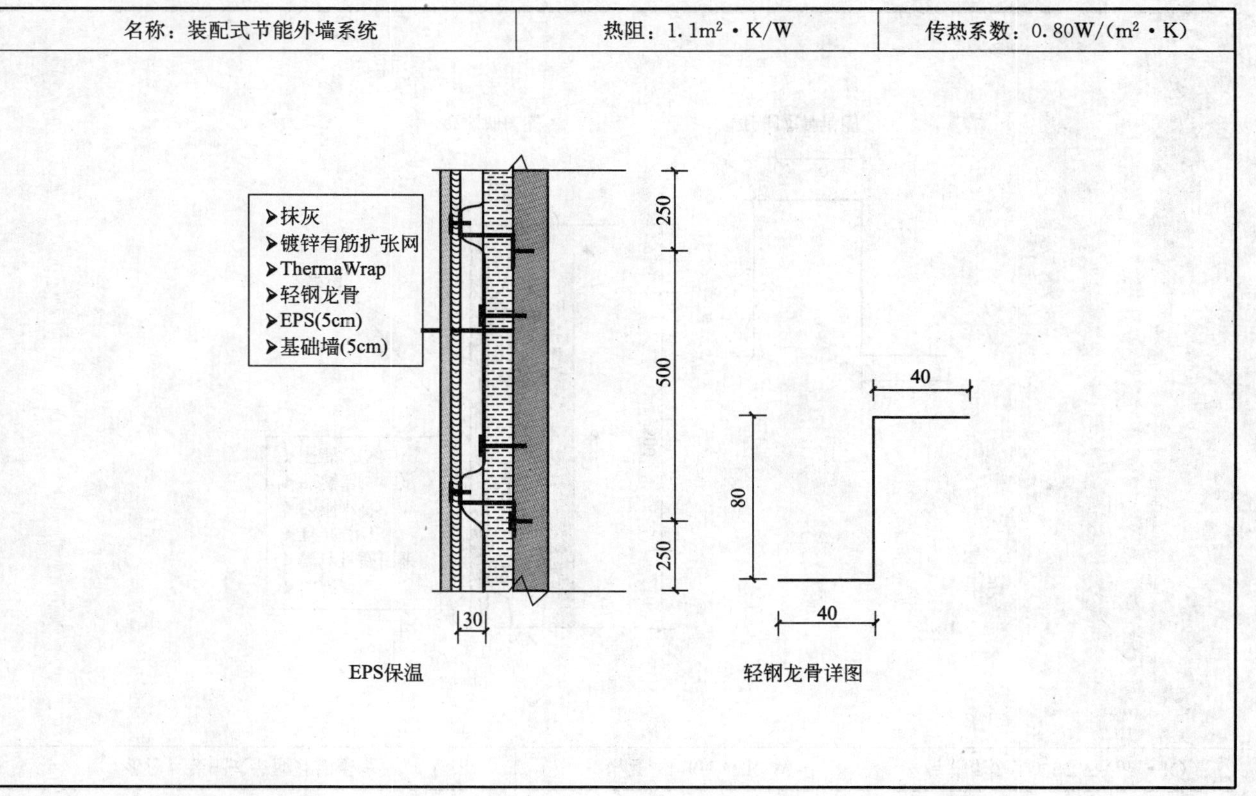

EPS保温

轻钢龙骨详图

名称：装配式节能外墙系统	热阻：1.6m^2·K/W	传热系数：0.57W/(m^2·K)

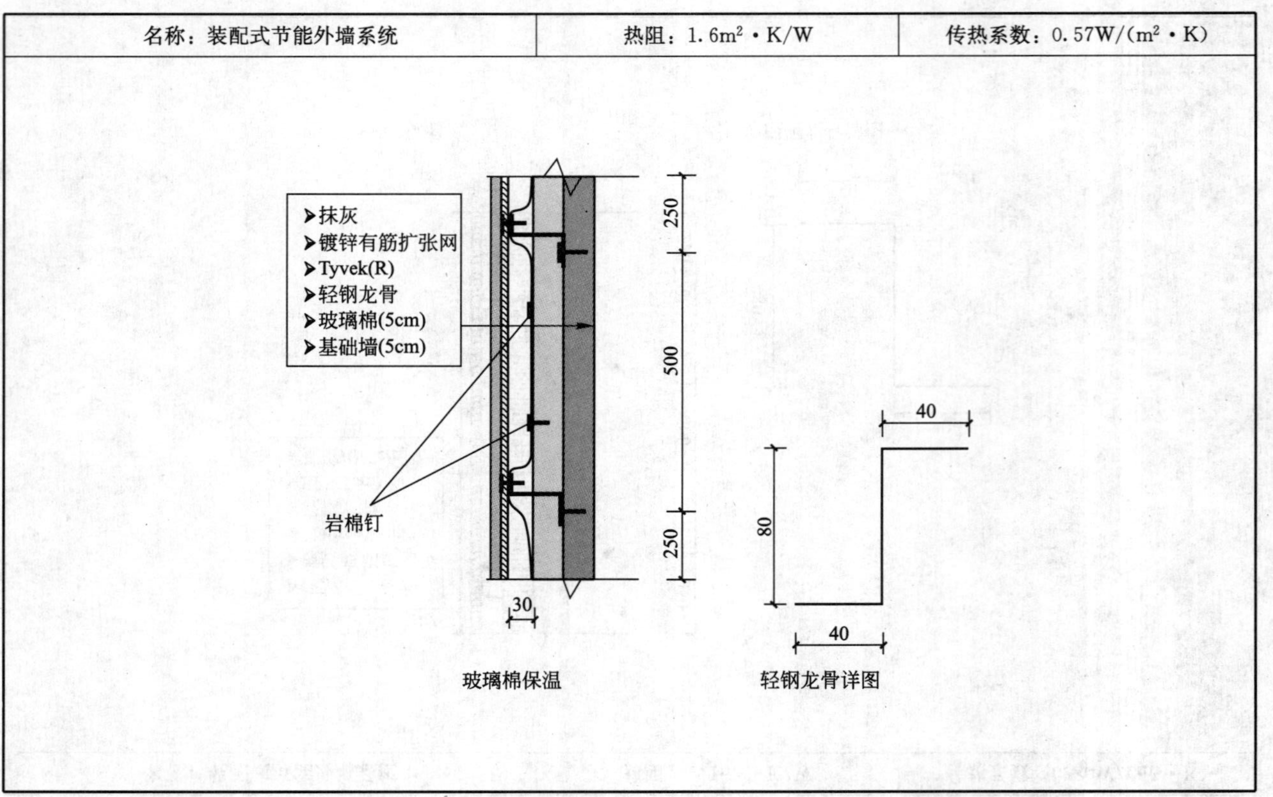

玻璃棉保温

轻钢龙骨详图

名称：节能幕墙板	热阻：2.5$m^2 \cdot K/W$	传热系数：0.38$W/(m^2 \cdot K)$

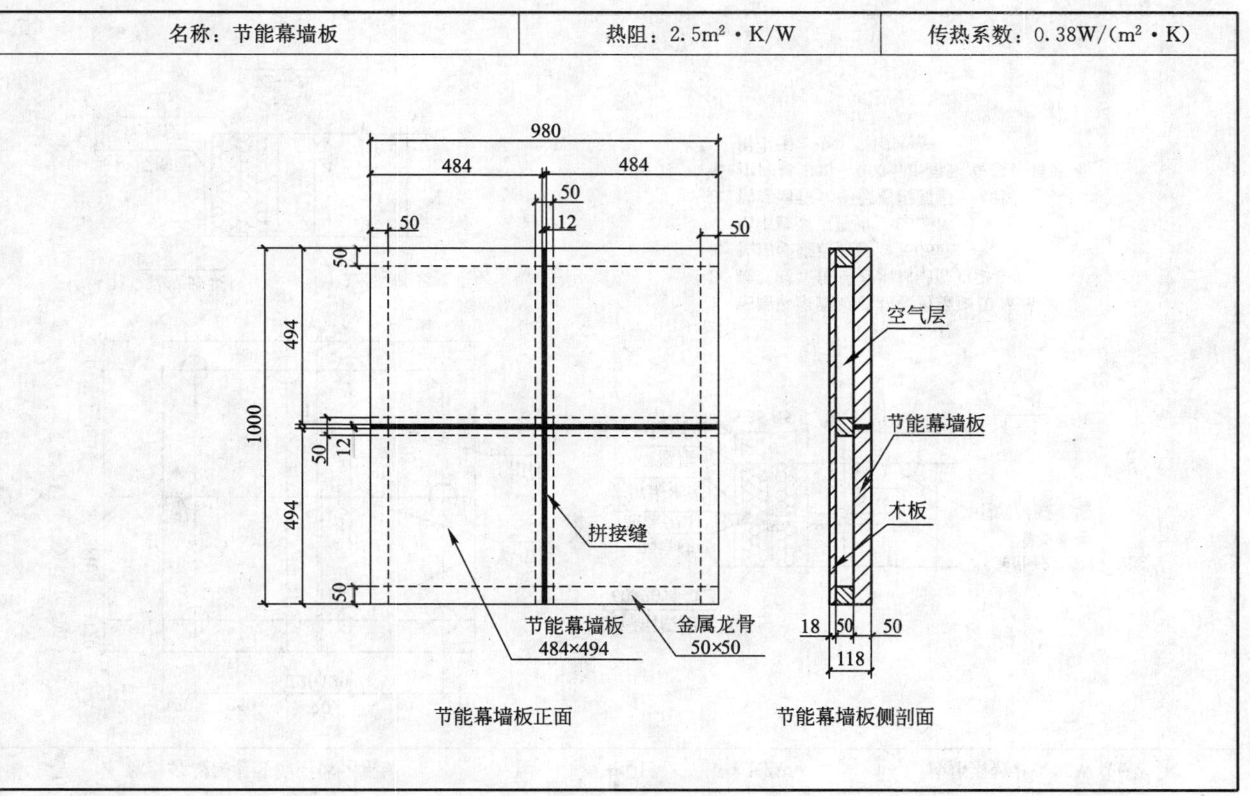

节能幕墙板正面

节能幕墙板侧剖面

名称：轻型保温装饰一体化系统	热阻：2.7m²·K/W	传热系数：0.35W/(m²·K)

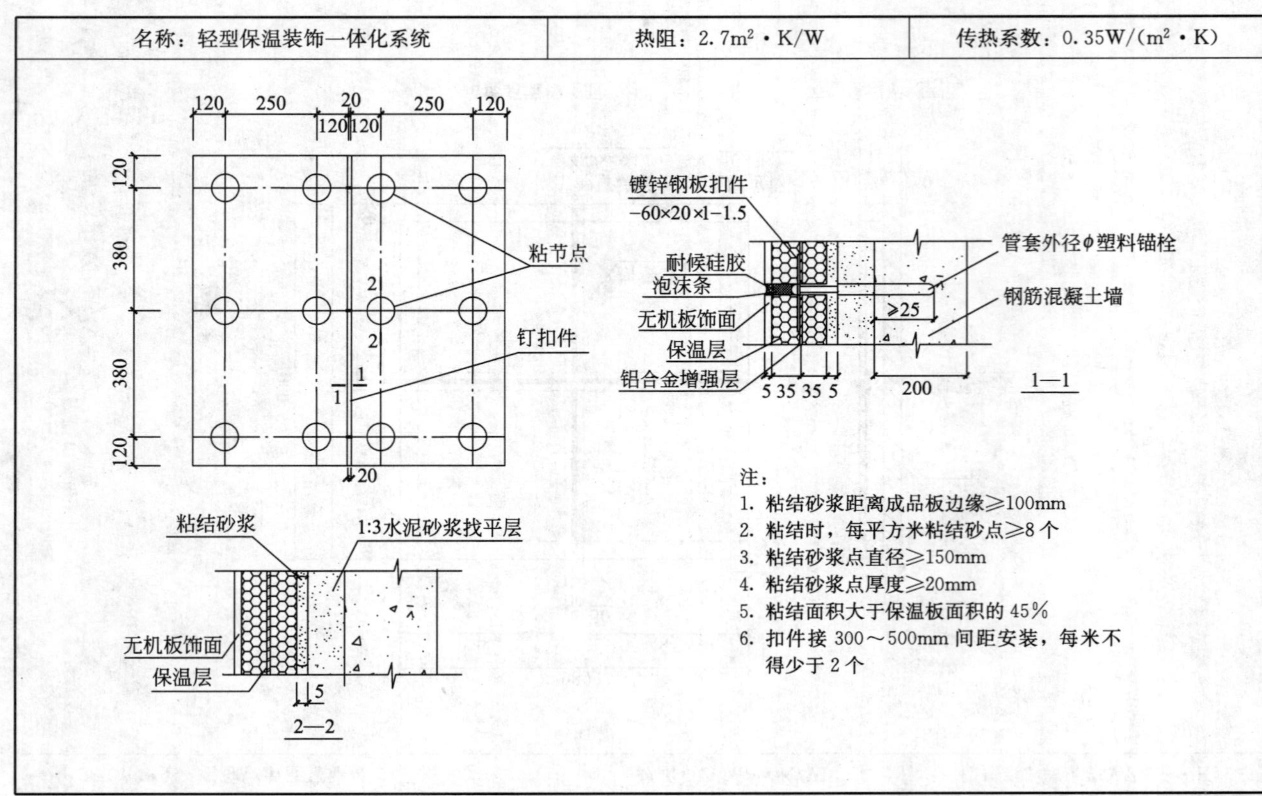

注：
1. 粘结砂浆距离成品板边缘≥100mm
2. 粘结时，每平方米粘结砂点≥8 个
3. 粘结砂浆点直径≥150mm
4. 粘结砂浆点厚度≥20mm
5. 粘结面积大于保温板面积的 45%
6. 扣件接 300～500mm 间距安装，每米不得少于 2 个

名称：冷弯薄壁轻钢结构珍芯墙	热阻：2.1$m^2 \cdot K/W$	传热系数：0.44$W/(m^2 \cdot K)$

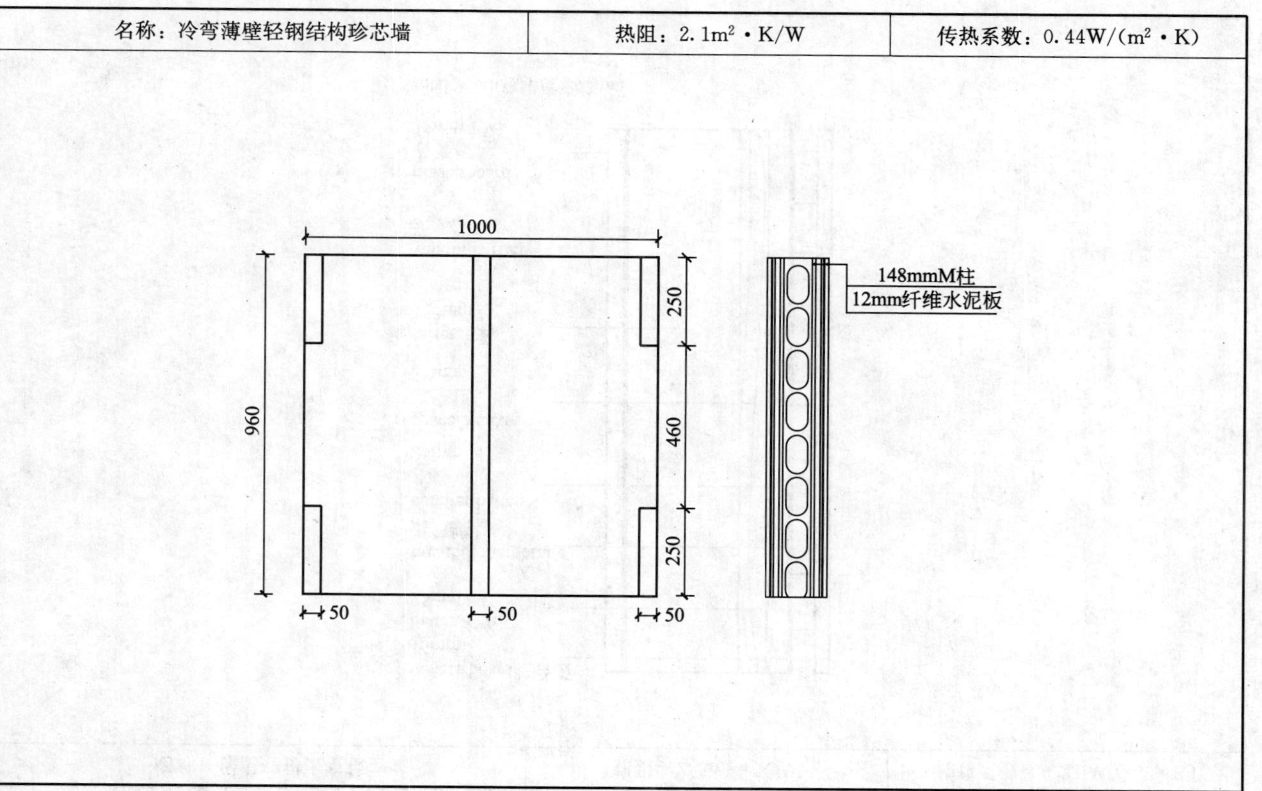

名称：保温建材太空毯	热阻：2.3m^2·K/W	传热系数：0.41W/(m^2·K)

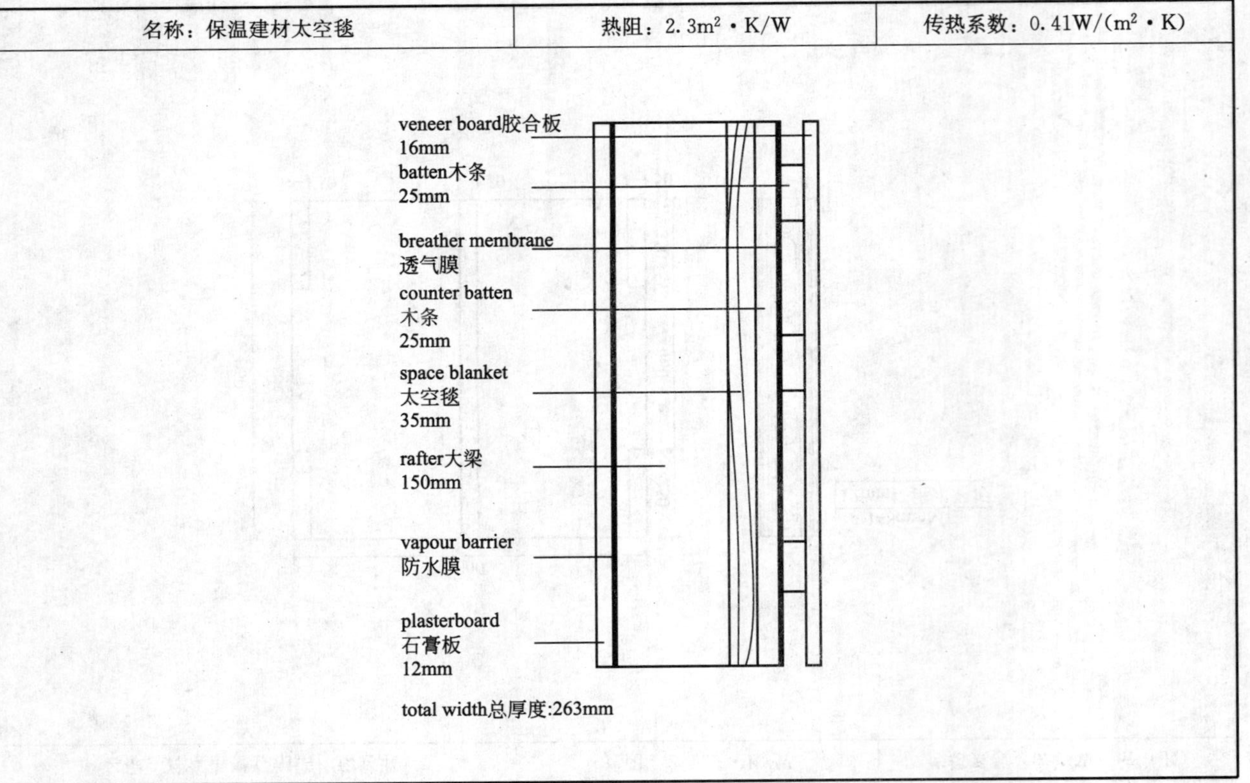

名称：保温建材太空毯	热阻：3.2$m^2 \cdot K/W$	传热系数：0.30$W/(m^2 \cdot K)$

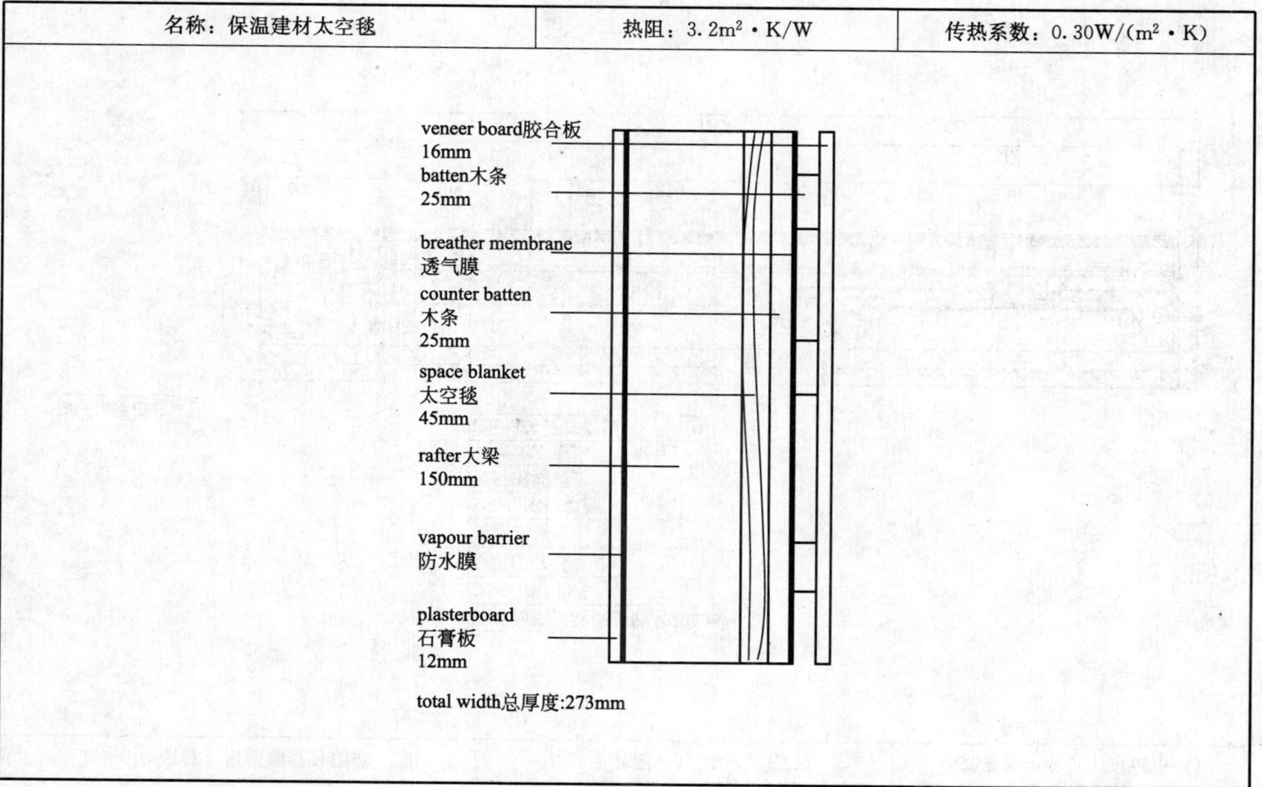

名称：聚氨酯复合墙体	热阻：$1.84m^2 \cdot K/W$	传热系数：$0.50W/(m^2 \cdot K)$

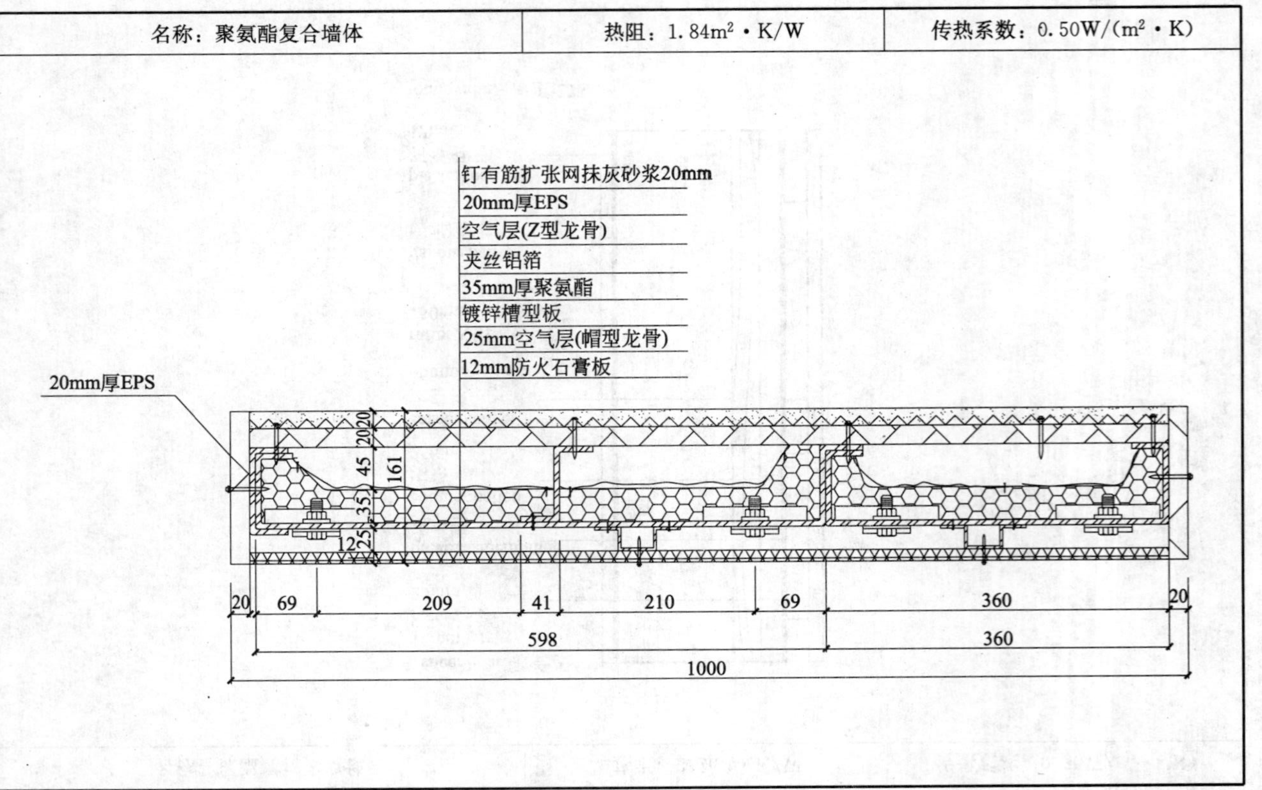

名称：组合式金属屋面系统	热阻：2.25$m^2 \cdot K/W$	传热系数：0.42$W/(m^2 \cdot K)$

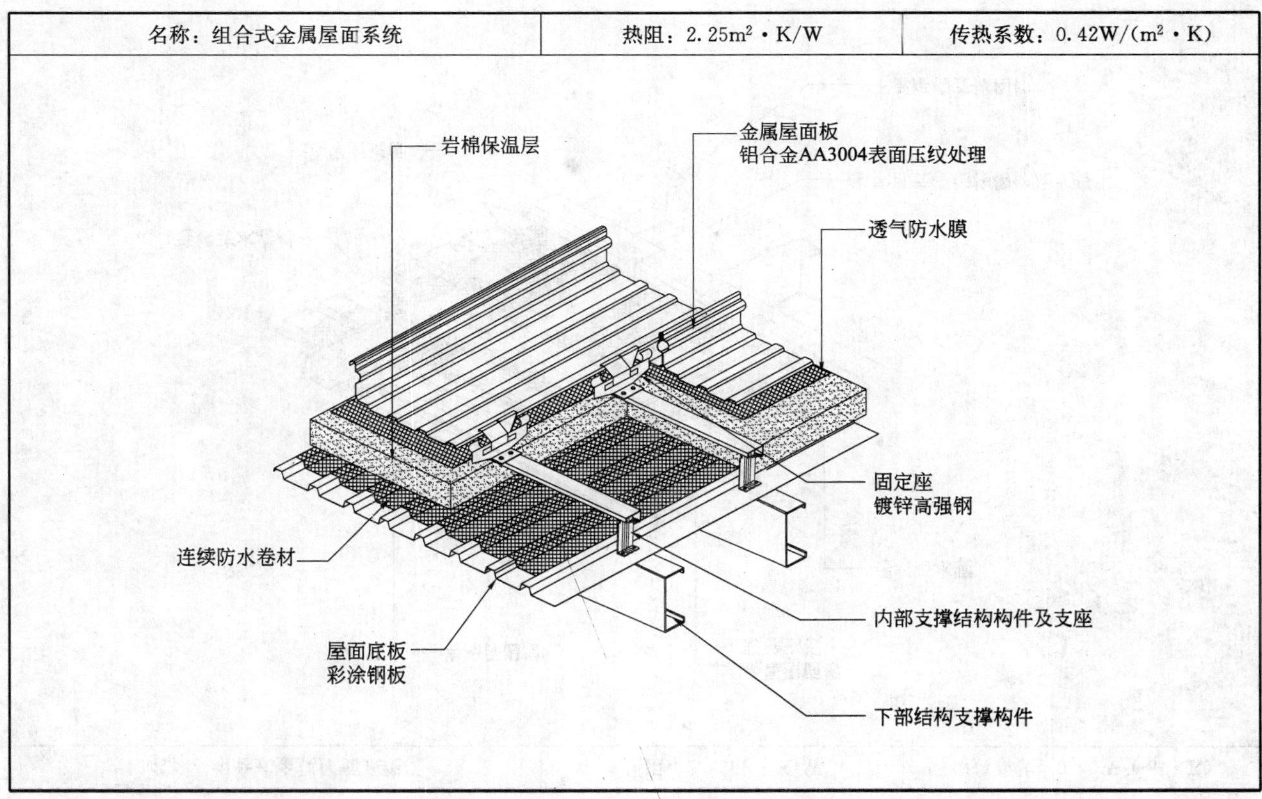

名称：组合式金属屋面系统	热阻：2.35m^2·K/W	传热系数：0.40W/(m^2·K)

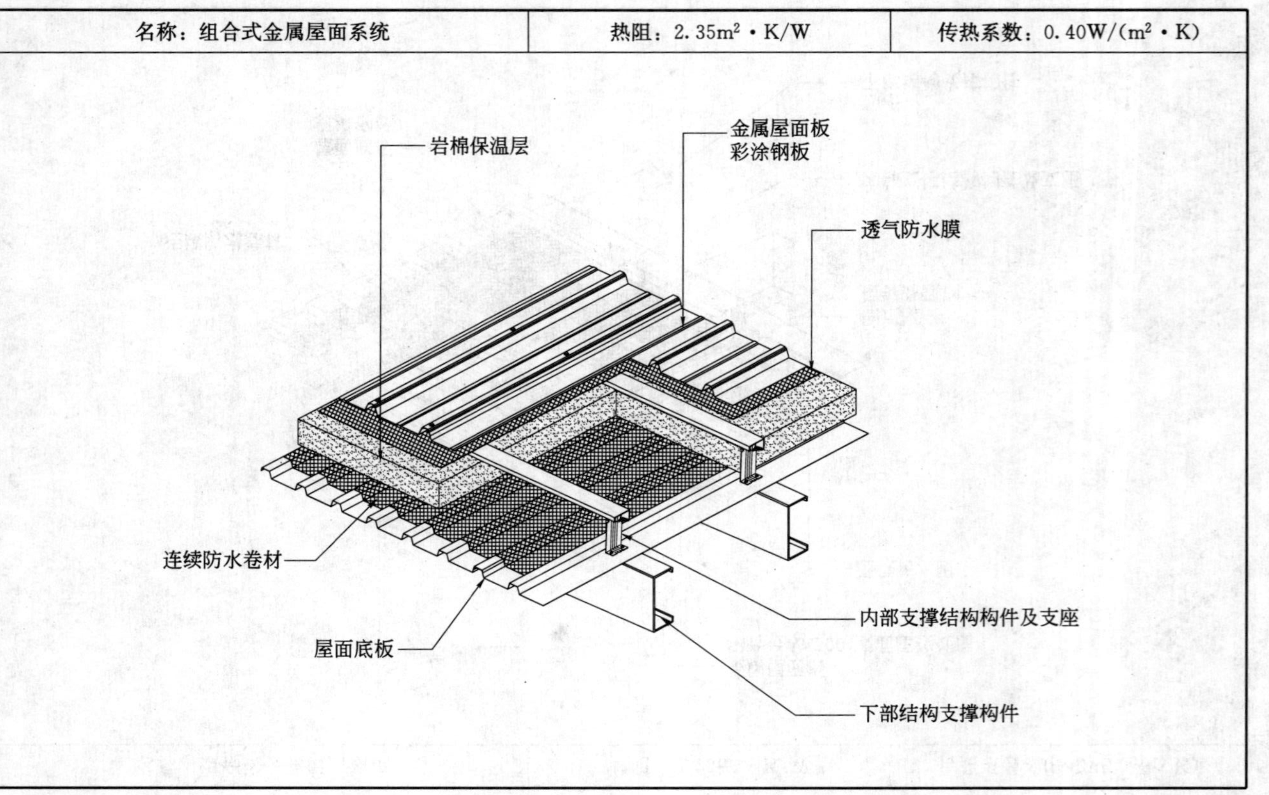

名称：防火保温墙面系统	热阻：2.56m²·K/W	传热系数：0.37W/(m²·K)

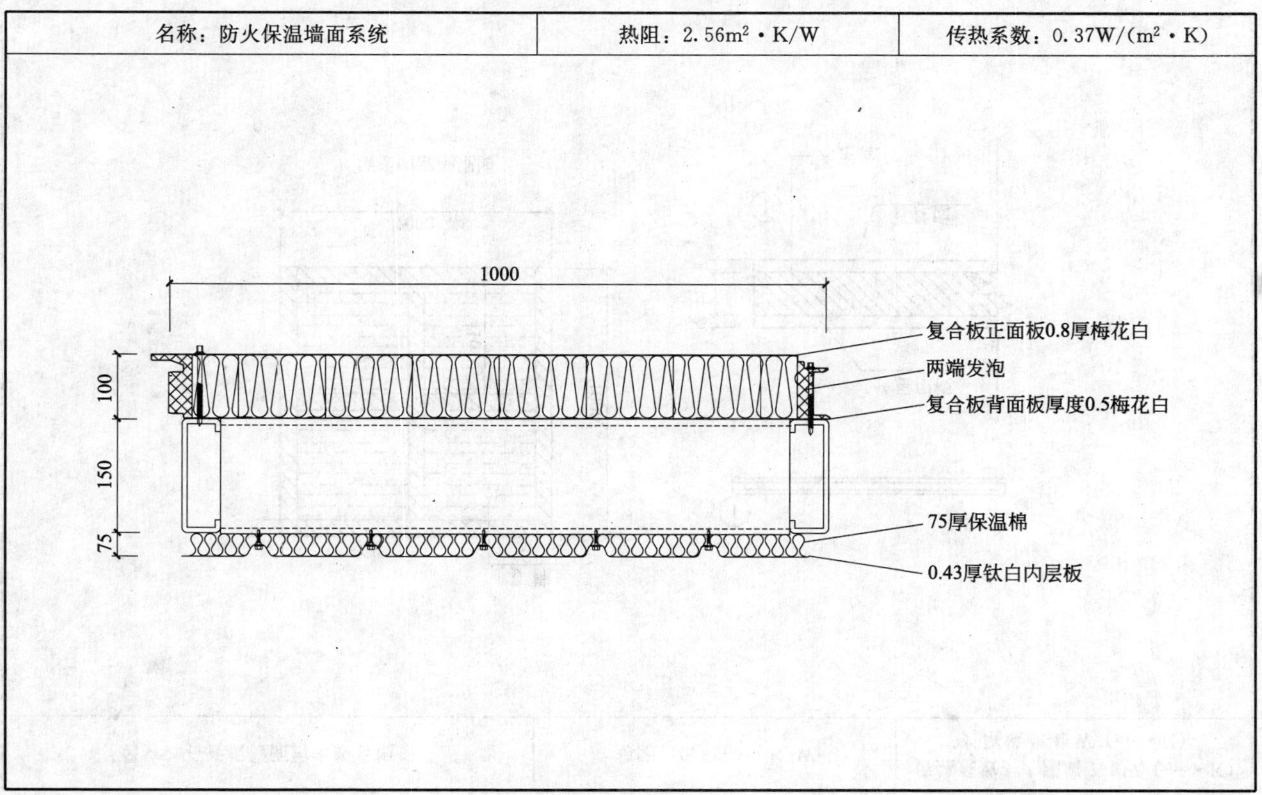

名称：石膏板覆面竹木组合墙板	热阻：0.56$m^2 \cdot K/W$	传热系数：内隔墙 1.8$W/(m^2 \cdot K)$ 外隔墙 1.41$W/(m^2 \cdot K)$

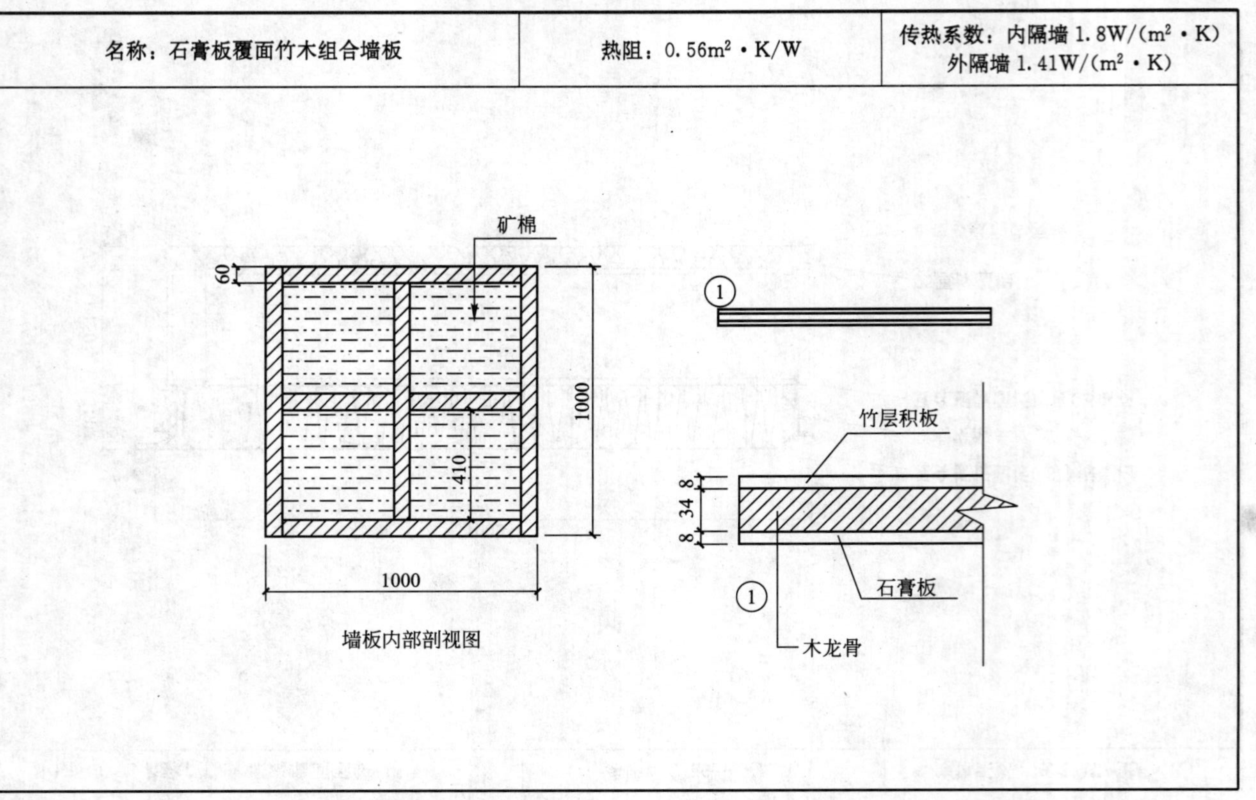

名称：复合墙体 （测试为木质基墙＋复合板＋空气间层，两个拼缝）	热阻：0.85m^2·K/W	传热系数：1.00W/(m^2·K)

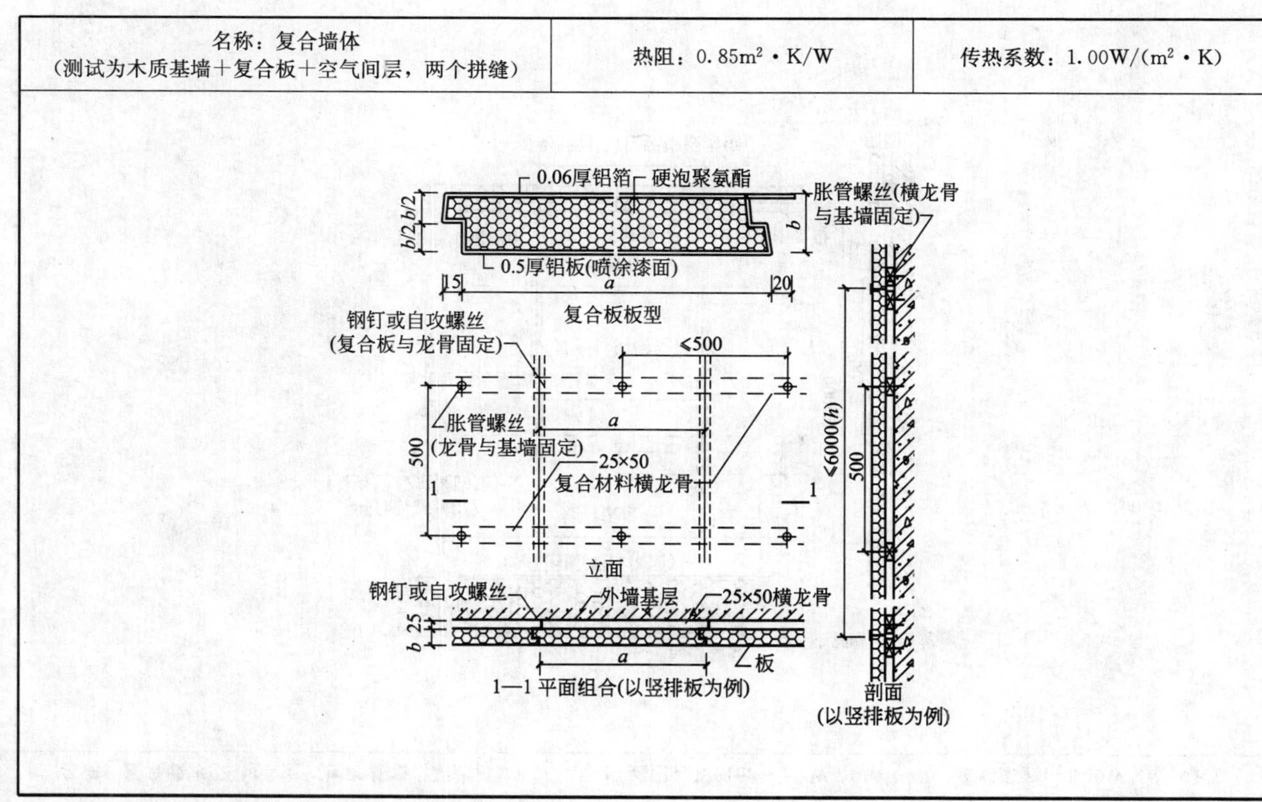

名称：复合墙体(不包含空气层和基墙，断热桥)	热阻：1.91m^2·K/W	传热系数：0.49W/(m^2·K)

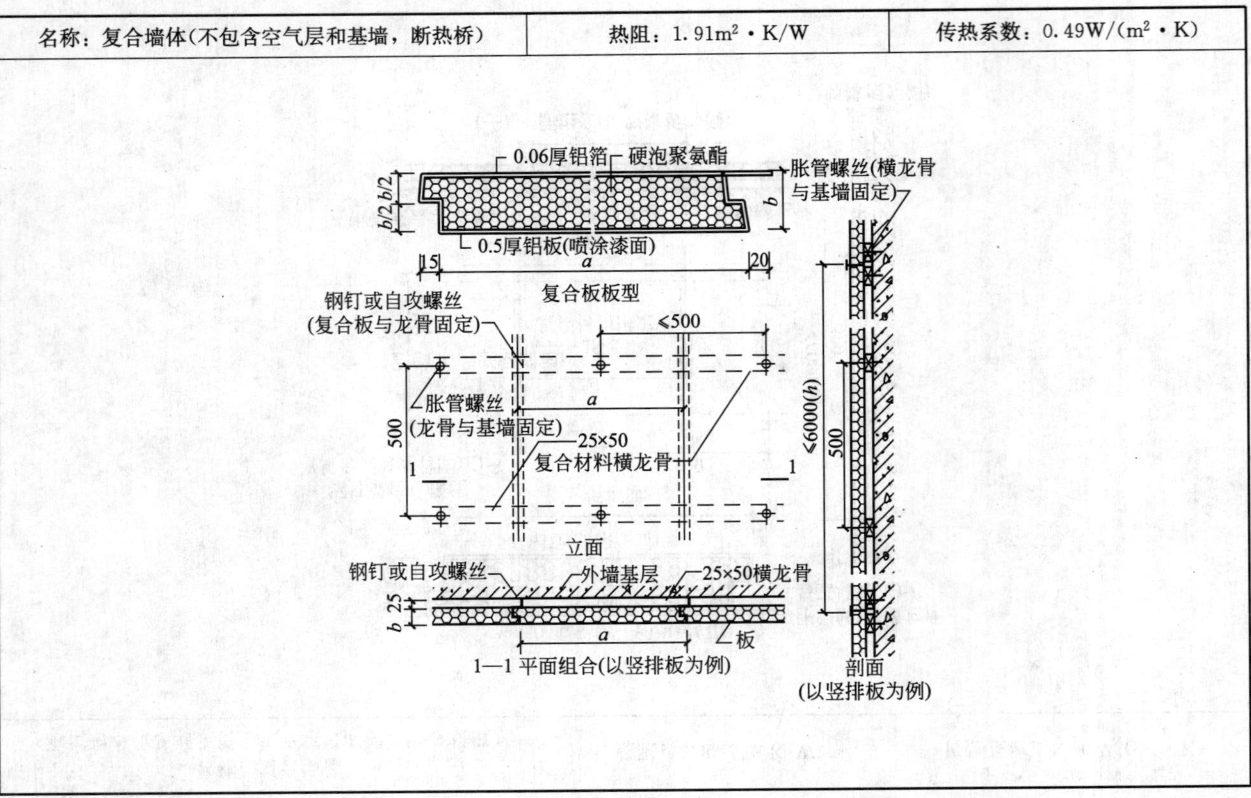

附录 高精度防护热板法导热仪的研制

稳态法有防护热板法和热流计法两种。这两种方法的形式都各有特点和适用条件，根据稳态导热原理建立起来的方法，在国内外已很成熟。20 世纪 80 年代末，我国已参照国际标准制定了一系列国家标准。防护热板法导热系数测定仪也正式投入生产。但几十年来，国产防护热板导热系数测定仪性能与标准要求相差较远，其测量精度较难满足各种保温材料的测试要求，但进口一台高精度的防护热板导热仪价格过于昂贵。基于上述原因，中国建筑科学研究院建筑物理研究所热工室与北京东方奥达仪器设备有限公司共同研制了“JW-V 型防护热板导热系数测定仪”，并参照国际标准 ISO 8302、美国标准 ASTM C 177、国家标准 GB/T 10294《绝热材料稳态热阻及有关特性的测定——防护热板法》分析其优缺点，对现有的同类进口及国产仪器进行分析，在上述学习、研究分析的基础上，对设备进行研制与大量的测试工作，不断改进最终达到预期要求。

下面简要介绍我们对设备的研制过程和试验方法

1. 适用范围和特点

1）测量范围：试样热阻≥0.1m^2·K/W；

2）热板温度：10～60℃；

3）冷板温度：−20～40℃；

4）试样尺寸：300mm×300mm×(15～50)mm；

5）电源电压：交流 200V±20V，50Hz；

6）环境条件：20℃±10℃，相对湿度<80%；

7）测量误差：①测定的平均温度接近室温时，测量热性质能够准确到≤±2%(温差在 15℃～30℃之间)；

② 在装置的全部测定范围内≤±5%（试件平均温度最低在−5℃，最高50℃，温差在15℃～30℃之间）。

2. 基本原理

对于厚度为 d 的无限大的单层匀质平壁，当两侧的温度保持恒定，分别为 t_1 和 t_2，且 $t_1>t_2$，根据傅立叶定律可以得到公式(1)

$$q=-\lambda\frac{\mathrm{d}t}{\mathrm{d}x} \tag{1}$$

将(1)式分离变量积分，得到单层匀质平壁在一维稳态条件下的热流密度计算公式为：

$$q=\frac{\lambda}{d}(t_1-t_2) \tag{2}$$

由公式(2)可以得到匀质材料导热系数 λ

$$\lambda=\frac{qd}{(t_1-t_2)} \tag{3}$$

式中　q——单位时间内通过单位面积所传递的热量（W/m^2）；

d——单层平壁的厚度（m）；

t_1，t_2——壁面两侧的温度（K）。

根据上述原理及国家标准 GB 10294《稳态热阻及有关特性的测定 防护热板法》中的技术要求，研制成单试件防护热板法导热仪。

3. 测试设备

导热仪主要由主体部分、冷/热源测控系统、智能测量仪等三部分组成。另有，计算机传输、半导体制冷电源及稳压电源等部件。如附图1所示。

(1) 主体部分由热板、冷板、试件压紧系统组成，热板、冷板尺寸为300mm×300mm。

热板由背护热板、主加热板、护加热板组成。背护热板由精密恒温水槽提供一个稳定的热源。主加热板，护加热板的加热器由智能测量仪来控制、跟踪其与背护热板的温度，最终使三板的温度达到平衡，实现单向稳态的一维传热。

冷板由铝板、半导体制冷器、冷却水套组成，冷却水套由另一组恒温水槽提供一个稳定的冷却水流。为适应不同厚度试样的测量，冷板在工作台上可移动，冷侧装有压紧装置，以保证冷、热板与试样的紧密接触。试样的厚度需≤50mm。

冷、热板温度测量采用 Pt1000 铂电阻传感器，传感器都是经过严格筛选而得。

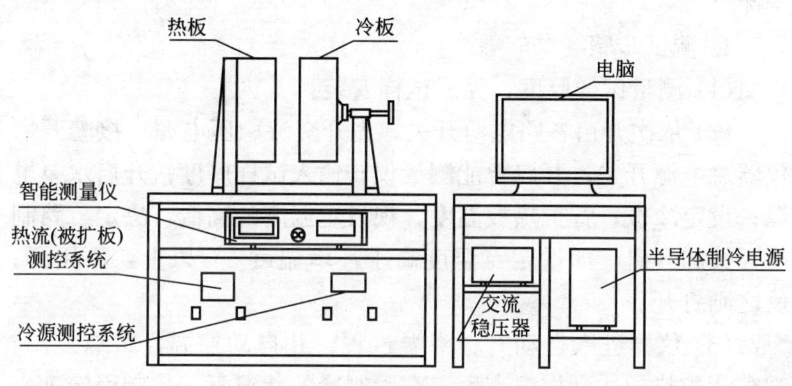

附图 1　高精度防护热板法导热仪

（2）冷、热源测控系统

提供背护热板的热源及冷板的冷源，是由二套精密恒温水槽组成。它是由压缩机组、水槽、水泵、搅拌、加热控温系统、水温显示器等组成。

（3）智能测量仪

智能测量仪采用微电脑系统，为了保证测量的精确性，各电子元件都经过精选。仪器在开机后的测量过程中，主、护热板的测温、控温是同步进行的。主护热板根据自身的调节参数，始终跟踪背护热板的温度，实现全自动的温控操作。当仪器达到热平衡状态后，打印测试结果。

(4) 半导体制冷电源

当测定试件冷板温度设定在 5℃以下时，需用半导体制冷器及半导体制冷电源。

(5) 笔记本电脑

为清楚显示测量状况，用计算机液晶屏给予显示，并便于电子存档。

(6) 220V 交流稳压器

为了确保交流电源的稳定性，排除某些交流电网带来的波动干扰。

4. 测试步骤

(1) 测量试样厚度，完成试样安装。

(2) 依次开启各路电源开关。先开交流稳压电源，接着开启仪器总电源开关；开启智能测量仪，输入试样厚度；开启水泵电源；设定冷板，背护热板温度，视设定温度的高低，决定二路制冷开关的开启，如设定点温度高于环境温度 5℃以上，不用开；反之则打开。

(3) 仪器进入自动升、降温过程，并自动控温，跟踪控温。观察背护热板达到控温点后，在无制冷的状况下，控制稳定度应在±0.002℃以内；在有制冷的状况下，稳定度应在±0.005℃以内。当冷、背护热板温度趋于稳定，再观察主加热板和护热板温度与背护热板温度的跟踪情况。如三板的温差小于±0.002℃，并且导热系数一小时内上、下波动小于±1%，打印并结束试验。

5. 计算

用稳态数据的平均值进行所有的计算。

$$\lambda_t(\lambda)=\frac{\Phi\cdot d}{A(T_1-T_2)} \tag{4}$$

6. 试验结果及分析

(1) 冷、热板温度场分布的均匀性测定

为了了解冷、热板温度场的分布均匀性，在测试有机玻璃板时，对冷、热板的温度场进行了测量(热板温度为 33℃，冷板温度为 10℃)，测试布点图如附图 2 所示：

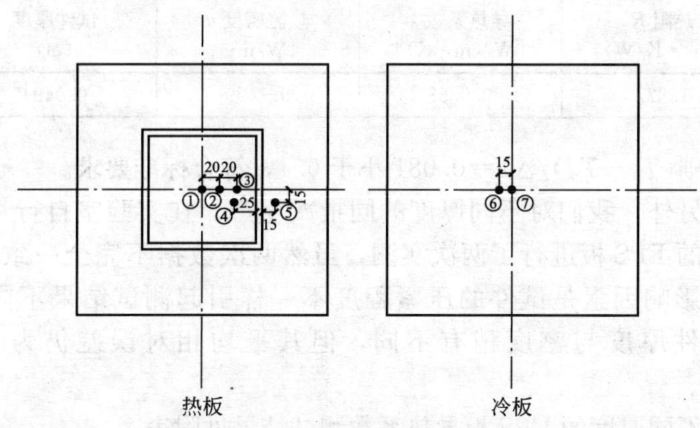

附图 2 冷、热板温度场的分布均匀性测试布点图(单位：mm)

从测试结果(附表 1)，可以看出，冷、热温差为 23℃时，冷、热板表面温度最大的不均匀性是试件表面温度差的 0.22%，小于 2%，符合试验方法的要求。

附表 1

温差热铂电阻编号	①—②	①—③	④—⑤	⑥—⑦
温度差值(℃)	0.031	0.050	0.050	0.045

(2) 边缘热损失的测定

当试件厚度和热阻为最大，而试件温差为最小时，此时边缘热损失为最大(指比例大)。为此，我们对厚度 0.0494m 的聚苯乙烯泡沫板(EPS 板)进行了实测，其结果见附表 2。

附表 2

主热板(℃)	护热板(℃)	背热板(℃)	冷板温度(℃)
31.685	31.685	31.685	18.81
平均温度 T_m(℃)	边缘中心温度 T_e(℃)	Δt(℃)	
25.249	26.29	12.875	

续表

热阻 R ($m^2 \cdot K/W$)	导热系数 λ [$W/(m \cdot K)$]	热流密度 q (W/m^2)	试件厚度 (m)
1.377	0.0358	9.3429	0.0494

则$(T_e - T_m)/\Delta T = 0.081$小于0.1，符合标准要求。

另外，我们对不同厚度的同批次生产、在实验室自行切割所得的EPS板进行了两次实测，虽然两次数据不完全一致(最大的影响因素是试件的压紧程度不一样引起测试结果不同)，使试件厚度与密度稍有不同，但其平均相对误差仍为1%左右。

不同厚度的EPS板导热系数测试结果见附表3。

附表3

测试日期	试件厚度 d (mm)	平均温度 $\bar{t}$ (℃)	导热系数 λ [$W/(m \cdot K)$]	Δt(℃)
2009.07.15	19.80	25.283	0.0340	29.152
	29.70	25.03	0.0344	29.630
	39.60	24.91	0.0340	29.850
	49.50	24.845	0.0342	29.980
2009.07.31	19.70	24.928	0.0348	29.890
	29.70	24.746	0.0346	30.022
	39.60	24.648	0.0347	30.410
	49.50	24.583	0.0345	30.540
平均值	0.0344			
平均差值	0.0002467			
平均相对误差(%)	0.72			

(3) 试件最小厚度的确定

试验过程选择0.01～0.0495m的不同厚度的EPS板进行测定，材料热阻随着厚度的增加而增加，并呈线性关系，其相关系数接近1，试验结果见附表4。

附表 4

材料厚度 (m)	平均温度 (℃)	热阻(实测值) ($m^2 \cdot K/W$)	热阻(计算值) ($m^2 \cdot K/W$)	ΔR(%)
0.0103	25.810	0.3148	0.3098	1.61
0.0198	25.283	0.5810	0.5844	0.58
0.0297	25.03	0.8633	0.8705	0.83
0.0396	24.91	1.1615	1.1566	0.42
0.0495	24.736	1.4435	1.4427	0.053
相关系数 $r=0.99993$				
$R_d=0.01214+28.901d$				

从表中可以看出，当试件厚度为 0.0103m 时，其相对误差为 1.61%，超出 1%；其余不同厚度下相对误差都在 1%以内。为了减少测量误差，本设备推荐试件最小厚度为 0.015m。

(4) 最小温差的确定

为了确定仪器的最小温差，我们对 0.025m 厚的玻璃纤维标准板(欧洲产)及厚度为 0.0494m 的 EPS 板进行了最小温差试验，结果见附表 5。

附表 5

材料种类	试件厚度 (m)	热板温度 (℃)	冷板温度 (℃)	温差 Δt (℃)	平均温度 (℃)	导热系数 [W/(m·K)]
玻璃纤维板	0.025	29.834	18.59	11.24	24.212	0.0338
EPS 板	0.0494	30.980	19.15	11.83	25.065	0.0358
	0.0494	29.974	20.219	9.755	25.091	0.0368
	0.0494	34.919	15.295	19.62	25.107	0.0355
	0.0494	31.685	19.810	12.875	25.249	0.0358

从附表 5 中可以看出，对于厚度为 0.025m 的玻璃纤维板，当温差 Δt 为 11.24℃，其测试误差为 0，对于厚度为 0.0494m 的 EPS 板，当温差 Δt 小于 10℃时，其导热系数偏大，根据上述试验结果，本仪器最小温差不宜小于 12℃。

(5) 线性试验

附图 3～附图 10 给出两块玻璃纤维板、EPS 板、有机玻璃板及不同密度的加气混凝土等材料的导热系数与温度关系测试结果。

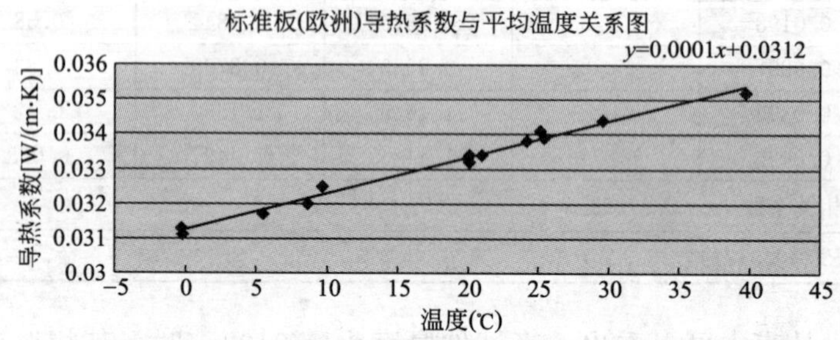

附图 3 玻璃纤维标准板(欧洲产)导热系数与平均温度测试结果图

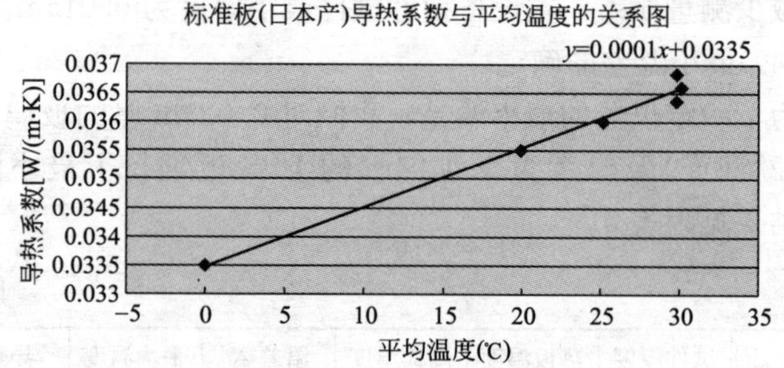

附图 4 玻璃纤维标准板(日本产)导热系数与平均温度测试结果图

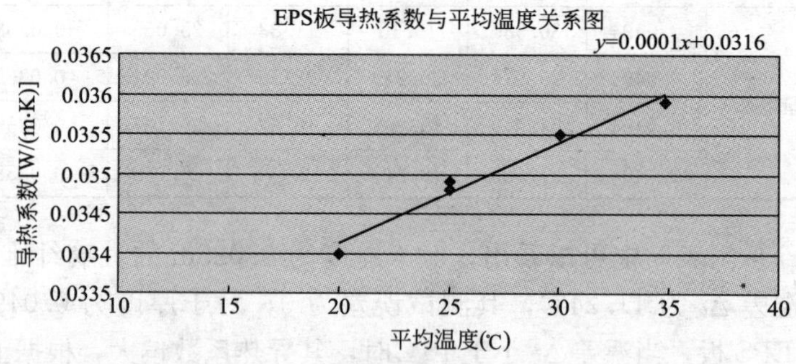

附图 5 EPS 板导热系数与平均温度测试结果图

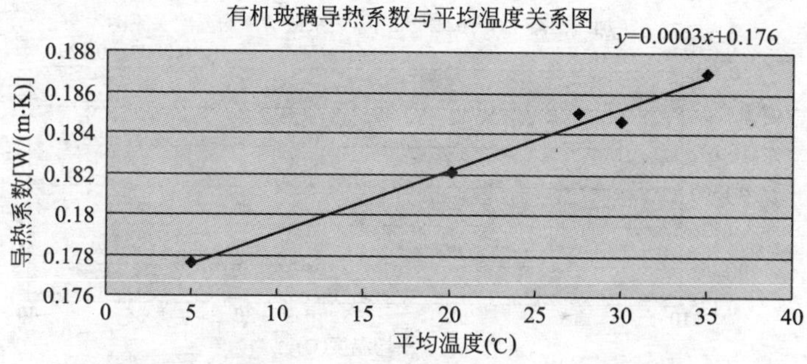

附图 6 有机玻璃板导热系数与平均温度测试结果图

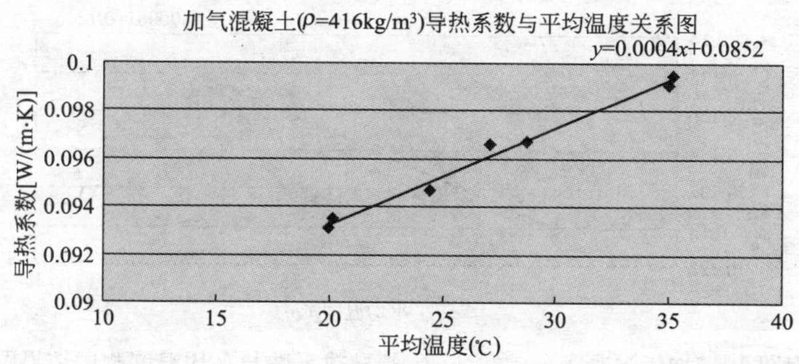

附图 7 加气混凝土(ρ=416kg/m^3)导热系数与平均温度测试结果图

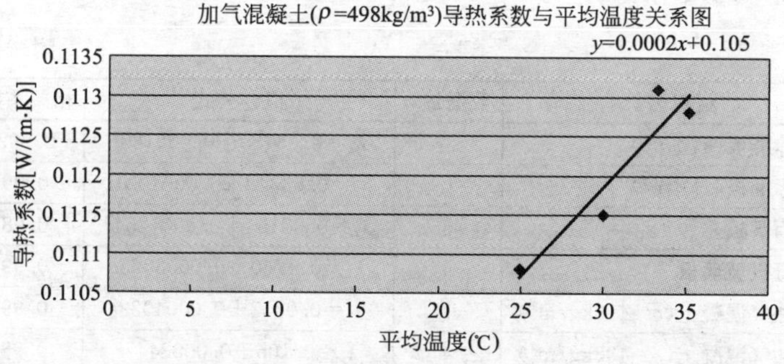

附图 8 加气混凝土(ρ=498kg/m^3)导热系数与平均温度测试结果图

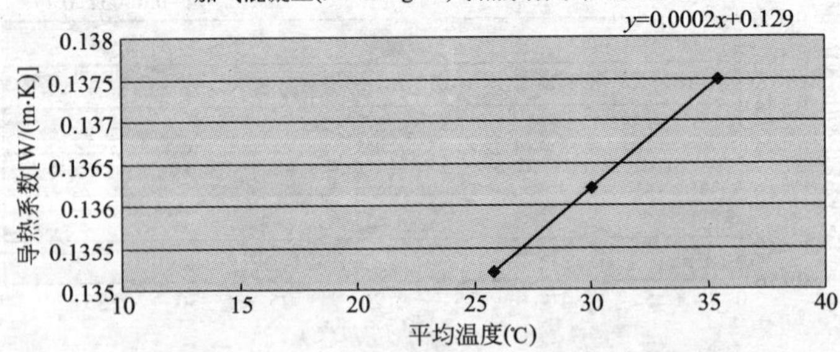

附图 9　加气混凝土($\rho=621\mathrm{kg/m^3}$)导热系数与平均温度测试结果图

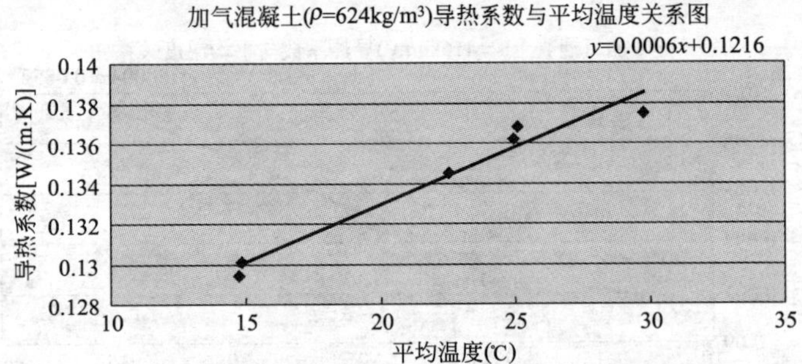

附图 10　加气混凝土($\rho=624\mathrm{kg/m^3}$)导热系数与平均温度测试结果图

从测试数据得到不同材料的导热系数与温度关系的线性拟合公式，列入附表 6 中。

附表 6

材料名称	数据量 n	拟合公式	相关系数 r
标准板(欧洲产)	14	$\lambda_t=0.03189+0.000123t$	0.9998
标准板(日本产)	6	$\lambda_t=0.03348+0.0001031t$	0.994
EPS 板	5	$\lambda_t=0.03161+0.0001264t$	0.986
有机玻璃板	4	$\lambda_t=0.1760+0.0003023t$	0.996
加气混凝土($\rho=416\mathrm{kg/m^3}$)	7	$\lambda_t=0.0852+0.0004032t$	0.994
加气混凝土($\rho=498\mathrm{kg/m^3}$)	4	$\lambda_t=0.105+0.0003447t$	0.986
加气混凝土($\rho=621\mathrm{kg/m^3}$)	3	$\lambda_t=0.1267+0.000327t$	1
加气混凝土($\rho=624\mathrm{kg/m^3}$)	6	$\lambda_t=0.1216+0.0005666t$	0.982

从表中可以看出：各种材料相关系数都在 0.98～1 之间，这说明两个变量(导热系数 λ 和平均温度 $\bar{t}$)之间的关系密切，所得到的经验公式比较可靠。

(6) 不同温差对测试结果的影响试验

我们对玻璃纤维标准板、EPS 板、加气混凝土及有机玻璃等四种材料进行了不同温差试验，结果如附表 7 所示。

附表 7

材料名称	热板温度(℃)	冷板温度(℃)	温差(℃)	平均温度(℃)	导热系数[W/(m·K)]	相对误差(%)
标准板(欧洲)	14.289	−14.71	29.00	−0.21	0.0311	0
	10.535	−11.05	21.59	−0.26	0.0311	
	32.709	7.545	25.16	20.127	0.0334	0.60
	34.863	5.424	29.44	20.144	0.0332	
	37.844	12.994	24.85	25.419	0.0339	0.59
	39.854	10.396	29.46	25.125	0.0341	
标准板(日本)	39.850	19.954	19.902	29.902	0.0368	0.55
	44.877	15.363	29.51	30.12	0.0366	
EPS 板	39.317	9.976	29.34	24.65	0.0358	0.28
	36.811	12.610	24.20	24.71	0.0357	
加气混凝土(ρ=498kg/m^3)	44.933	14.612	30.32	29.773	0.1087	0.37
	37.374	22.041	15.33	29.771	0.1091	
加气混凝土(ρ=624kg/m^3)	34.898	15.327	30.03	25.113	0.1362	0.44
	39.950	9.919	19.57	24.933	0.1368	
有机玻璃	39.598	11.021	28.58	25.31	0.1792	0.28
	32.964	18.132	14.83	25.55	0.1797	

由表可见，平均温度相同而温差不同时，其导热系数的相对误差小于 1%。

(7) 重复性试验

为了研究本仪器的重复性，我们多人对各种材料在不同温差下进行了大量的重复性试验，并将其中一部分测试结果列在附表 8 中。

从附表 8 中可以看出：经过对不同材料所做的大量测试表明，仪器的重复性很好，所有测试结果均小于 0.7%。这说明仪器性能稳定，人为因素影响不大。

附表 8

材料名称	热板温度（℃）	冷板温度（℃）	温差（℃）	平均温度（℃）	导热系数 [W/(m·K)]	相对误差（%）
标准板（欧洲）	32.677	7.255	25.42	19.966	0.0333	0.30
	32.709	7.545	25.16	20.127	0.0334	
4 号加气混凝土	49.938	20.06	29.878	34.997	0.0991	0.40
	49.934	20.374	29.56	35.154	0.0995	
	34.891	5.009	29.88	19.950	0.0931	0.43
	34.884	5.427	29.46	20.156	0.0935	
7 号加气混凝土	29.919	−0.49	30.41	14.709	0.1294	0.54
	29.931	−0.26	30.19	14.838	0.1301	
EPS 板 1	39.443	10.600	28.84	25.022	0.0349	0.29
	39.853	10.183	29.67	25.018	0.0348	
EPS 板 2	36.794	12.320	24.47	24.56	0.0355	0.56
	36.811	12.610	24.20	24.71	0.0357	

（8）试验结果小结

① 玻璃纤维标准板(欧洲产)温差从 11.21～30.32℃之间变化，其导热系数相对误差小于 1%。玻璃纤维标准板(日本产)采用两种方法统计。一种是将 4 次数据在相同温差(29.29～29.59℃)和不同温度下测试结果进行统计即得出导热系数与温度关系式；另一种是将 6 次数据进行统计，得出导热系数与温度关系式，可以看出 $n=4$ 次时相关系数接近 1，优于 $n=6$ 次数据。两种计算条件下，分别计算不同平均温度下的导热系数，相对误差小于 1%。

② 根据 EPS 板在平均温度基本相同而温差不同的条件下测试结果，温差在 24.20～39.05℃之间变化，其相关系数都在 0.99 以上，但用温差 $\Delta t=30$℃条件下得到的统计测试结果优于其他温差条件下的结果，用拟合公式计算不同平均温度的导热系数时都小于 0.3%（$\bar{t}=29.902$℃除外）。

③ 根据加气混凝土及有机玻璃的试验数据，从表中可以看出当平均温度基本相同的情况下，对较大导热系数的材料影响不大，相对误差也不超过 1%。

④ 通过不同温差、相同平均温度以及重复性等大量的测试，结果表明本仪器的主要技术指标达到了 GB/T 10294 的要求，此外仪器性能稳定，测试精确度高于预期目标。

7. 误差分析

材料导热系数的测量误差主要取决于以下几个方面：

1）测量误差

（1）主加热板功率测量误差

① 取样电阻采用定制线绕电阻，温漂、时漂小于 0.1%。

② 采用四端点 0.1Ω 精密电阻。测量电压端（二线），电流端（二线），电压端二线测量加热器的电压，电流端测量加热器的电流。经过计算，求出加热器的功率。在调试中，用 6 位半数字繁用表，测量取样电阻的电压端两端的电压，使其值与智能表显示的示值一致，即 0.001～6.0W 范围内，其线性相对误差小于 0.5%。

③ 计量面积主要取决于游标卡尺的测量精度，主加热板尺寸为 124.05mm×124.05mm，游标卡尺的测量误差为 0.02mm，因此：

$$\Delta S=(124.05+0.02)^2-124.05^2=4.9625$$

$$\left|\frac{\Delta S}{S}\right|=\frac{4.9625}{124.05^2}=0.032\%$$

试验过程采用了两级稳压，实测数据分析，其电流、电压波动小于 0.05%。

综上所述，主加热板功率测量误差为：

$$E_q=\left|\frac{\Delta q}{q}\right|=0.5\%+0.032\%+0.05\%=0.582\%$$

(2) 试件厚度测量误差

试件最小厚度为 15mm，游标卡尺测量误差为 0.02mm，则：

$$E_d=\left|\frac{\Delta d}{d}=\frac{0.02}{15}\right|=0.13\%$$

(3) 温度测量误差

温度测量误差包括铂电阻标定误差、性能分散性误差、安装方法引起温度场变化而产生的误差及测量仪表误差。

① 温度测量共采用 8 个 Pt1000 型铂电阻传感器，用稳定度优于 0.002℃的恒温水槽筛选，用 0.01 级标准电阻箱进行零点及满量程修正，使铂电阻线性小于±0.005℃(绝对误差)，因此其误差可忽略不计。

② 铂电阻埋在加热器与均热板的内表面之间，距均热板外表面 5.5mm，当 $q=50\mathrm{W/m^2}$ 时引起的测量误差为：

$$\Delta t=\frac{50\times0.0055}{85.47}=0.0032℃$$

由于热板开槽埋入铂电阻引起均热板温度场变化而产生的误差比前两项小得多，故可以忽略不计。

③ 加热器电阻测量，采用美国 1926 $\frac{1}{2}$ 数字繁用表测量加热器电阻值为 17.954Ω，其测量精度为 0.0001%，其误差可忽略不计。

2) 仪器结构引起的误差

(1) 不平衡误差

由于主、护热板的温度不一致而引起的导热系数测量误差称为不平衡误差。

本仪器采用微电脑系统的智能测量仪，控制主、护、背三板的温度，要求仪器达到热平衡状态后，即三块板温度完全一致时，打印试验结果，因此不平衡误差可以不予考虑。

(2) 边缘热损失

标准按照GB/T 10294的试验要求，对厚度为0.0494m的聚苯乙烯板进行试验，其热阻为1.377m^2·K/W，而试验温差为12.875℃(仪器要求温差不小于12℃)，求出$(T_e-T_m)/\Delta T=0.081$小于0.1，符合标准要求。另外，还对不同厚度的聚苯乙烯板进行了实测，从表1、2可以看出，二次试验结果($n=9$次)进行平均相对误差计算为0.72%，小于1%，而分别计算相对误差时，其平均相对误差小于0.3%。

根据上述分析，测量低导热系数材料时，仪器最大标准误差为：

$$E_\lambda=\sqrt{E_q^2+E_d^2+E_e^2}=\sqrt{(0.582\%)^2+(0.13\%)^2+(0.72\%)^2}$$
$$=0.93\%$$

如果边缘热损按1%计算，则$E_\lambda=1.16\%$。

3) 被测试件对测试结果的影响

本项误差实际上已经在很大程度上脱离了仪器本身的精度研究范围。本项测量误差的产生原因，主要是由于试件本身个体特点所引起的，其中接触热阻是非常重要的一个方面。

由于试件表面的不平整，这样就会与仪器冷热板之间形成缝隙，产生附加热阻，这种热阻称为接触热阻。试验研究表明：在测试低导热系数或有一定压缩性的材料时，接触热阻影响较小；而对硬质和导热系数较大的材料来说，接触热阻的影响也会较大。

例如测量有机玻璃时，如果试件表面不平整会导致冷热板与试件之间形成空隙，产生接触热阻(含空气间隙热阻)，此时测得导热系数$\lambda=0.1592$W/(m·K)(平均温度22.36℃)；如果涂上一层导热硅油后再进行测量得到的导热系数$\lambda=0.1774$W/(m·K)(平均温度22.35℃)，两者之间相差11.4%。

因此，在测量时应对被测试样作出分析，对于硬质和软质材料应尽可能采取必要的措施来降低由于试件所带来的测量误差。

参考文献

[1] 沈韫元、白玉珍、陈玉梅、谈庆华. 建筑材料热物理性能［M］. 北京：中国建筑工业出版社，1984

[2] 西安冶金建筑学院. 建筑热工设计［M］. 北京：中国建筑工业出版社，1977

[3] 中国科学院兰州冰川冻土沙漠所. 典型融冻土的热学性质. 1977

[4] 国家建委建筑科学研究院建筑物理研究所. 测定建筑材料热物理系数的热脉冲法. 1977

[5] 国家建委建筑科学研究院建筑物理研究所. 测定粉末、小颗粒、纤维材料导热系数的线热源仪. 1976

[6] 国家建委建筑科学研究院建筑物理研究所. 轻骨料混凝土热物理性能试验研究报告. 1978

[7] A. B. 雷柯夫著. 热传导理论［M］. 裘烈钧、丁履德译. 北京：高等教育出版社，1955

[8] K. ф. 福庚著. 房屋围护部分的建筑热工学［M］. 谭天佑、梁绍俭译. 北京：建筑工程出版社，1957 年 12 月

[9] B. H. 卡乌夫曼著. 建筑材料的导热性［M］. 李壁光译. 北京：中国工业出版社，1960 年

[10] B. Л. Шевельков：“Теплофизические характеристики изолячионных материалов”，1958 年

[11] GB/T 4132—1996 绝热材料及相关术语［S］. 北京：中国标准出版社，1997

[12] GB/T 10294—2008 绝热材料稳态热阻及有关特性的测定 防护热板法［S］. 北京：中国标准出版社，2009

[13] GB/T 10295—2008 绝热材料稳态热阻及有关特性的测定 热流计法［S］. 北京：中国标准出版社，2009

[14] GB/T 13475—2008 绝热 稳态热传递性质的测定 标定和防护热箱法

[S]．北京：中国标准出版社，2009
[15] GB/T 17369—1998 建筑绝热材料的应用类型和基本要求 [S]．北京：中国标准出版社，1998
[16] ISO 8301：1991 Thermal insulation-Determination of steady-state thermal resistance and related properties-Heat flow meter apparatus
[17] ISO 8302：1991 Thermal insulation-Determination of steady-state thermal resistance and related properties-Guarded hot plate apparatus
[18] ASTM C 177 Standard Test Method for Steady-State Heat Flux Measurements and Thermal Transmission Properties by Means of the Guarded-Hot-Plate Apparatus
[19] 管云涛．外墙外保温用聚苯乙烯泡沫板．涂逢祥主编．外墙外保温技术．北京：中国计划出版社，1999
[20] ASTM STP 922 Thermal insulation：Materials and Systems
[21] А. Д. Дмитрович．"Определение теплофизических свойств строительных материало-в"．1963 年

[illegible] 2008
[illegible] GB/T 10294 [illegible]
[illegible] 8301 [illegible] and related properties [illegible] apparatus
[illegible] ISO 8302 1991 Thermal insulation [illegible] determination of steady-state thermal resistance and related properties [illegible] guarded hot plate apparatus
[illegible] ASTM C 177 Standard Test Method for Steady-State Heat Flux Measurements and Thermal Transmission Properties by Means of the Guarded-Hot-Plate Apparatus
[illegible]
北京：中国建筑工业出版社，1989
[illegible] ASTM [illegible] Thermal Insulation, Materials and Systems [illegible]
[illegible]